山东省农村民居地震安全工程系列教材之二
山东省农村民居建筑抗震施工培训教材

农村民居建筑抗震施工指南

山东省地震局　山东省建设厅　编

地震出版社

图书在版编目（CIP）数据

农村民居建筑抗震施工指南/山东省地震局　山东省建设厅编.
—北京：地震出版社，2009.10
ISBN 978-7-5028-3597-2

Ⅰ.农…　Ⅱ.①山…②山…　Ⅲ.农村住宅—抗震—工程施工—基本知识
Ⅳ.TU.241.4

中国版本图书馆 CIP 数据核字（2009）第 123575 号

地震版　XT200900137

农村民居建筑抗震施工指南

山东省地震局　山东省建设厅 编

责任编辑：江　楚
责任校对：庞娅萍

出版发行：**地震出版社**

北京民族学院南路 9 号　　　　　邮编：100081
发行部：68423031　68467993　　传真：88421706
门市部：68467991　　　　　　　传真：68467991
总编室：68462709　68423029　　传真：68467972
E-mail：seis@ht.rol.cn.net

经销：全国各地新华书店
印刷：河南新丰印刷有限公司

版（印）次：2009 年 10 月第一版　2009 年 10 月第一次印刷
开本：787×1092　1/16
字数：172 千字
印张：14.25
印数：00001~25000
书号：ISBN 978-7-5028-3597-2/TU（4213）
定价：36.00 元

编 写 人 员

主　　审：晁洪太

主　　编：王友权　林金狮

副 主 编：郭惠民　顾发全

编写人员：窦　骞　刘之春　陈　瑛　雷淑忠　彭亚萍

　　　　　贾荣光　张　干　王华林　刘鹏飞

序

　　地震灾害是一种自然灾害，具有突发性、且波及面广、致灾重，难以预测。一旦发生破坏性地震，往往造成严重的人员伤亡和财产损失，影响经济发展和社会稳定。积极做好防震减灾工作，最大限度地减轻地震灾害，对于保障我省经济社会健康、和谐地发展，保持社会稳定，具有十分重要的意义。

　　我省是一个农业大省，农村人口占全省人口总数的 65%，农村经济是我省国民经济的基础。防御与减轻农村地震灾害是防震减灾工作的重要内容。因此，在重视城市地震灾害防御工作的同时，必须大力加强农村民居建筑防震抗震措施的落实，切实提高农村民居建筑的抗震性能。

　　大量地震灾害表明，地震在农村造成灾害的主要原因是民居建筑抗震设防管理相对薄弱，农民建房缺乏基本的抗震设计和抗震措施，不能科学合理地选择建设场地，地基与基础不牢固，主体结构抗震措施不合理，建材质量、施工质量达不到要求，广大农民群众对房屋建筑防震抗震知识缺乏了解，防震减灾意识淡薄等。

　　为贯彻落实全国农村民居防震保安工作会议精神，省政府就进一步加强全省农村民居防震保安工作做出部署，把提高农村民居抗震防灾能力，帮助农民群众营造安全的居住环境，防止农民群众因灾致贫、因灾返贫作为公共安全的重要内容和各级政府的重要职责，站在全面建设小康社会、构建和谐社会，落实以人为本科学发展观的政治高度，加强领导，采取措施，积极推进农村民居地震安全工程建设，为建设社会主义新农村提供抗震防灾安全保障。

为贯彻落实省政府关于进一步加强我省农村民居防震保安工作的意见，提高全省农村民居建筑抗震性能，省地震局、省建设厅组织编印了这本施工指南，用于培训广大农民施工瓦匠，为农民建房提供技术指导和服务。希望广大农民群众和基层施工队伍认真学习，掌握民居建筑抗震的基本知识和主要措施，把房屋建造得更牢固，营造更加安全的居住环境。也希望各有关部门广泛宣传，把农村民居抗震技术知识送进千家万户，为提高全省农村民居建筑抗震性能，减轻农村地震灾害，奠定更加广泛的社会基础。

山东省地震局局长

2009 年 4 月

目　　录

第一章　概　述

第一节　地震基本知识 ……………………………………………（1）

一、地震的成因和类型 …………………………………………（1）

二、地震基本概念 ………………………………………………（5）

第二节　地震灾害 ………………………………………………（9）

一、地震原生灾害 ………………………………………………（9）

二、地震次生灾害 ………………………………………………（10）

三、地震衍生灾害 ………………………………………………（10）

四、地震对建筑物的破坏作用 …………………………………（10）

第三节　地震灾害工程性防御 …………………………………（11）

一、建筑抗震设防分类 …………………………………………（11）

二、抗震设防要求 ………………………………………………（12）

三、建筑抗震设防目标 …………………………………………（12）

第四节　地震概况 ………………………………………………（13）

一、中国大陆及其邻近地区的地震构造背景和概况……………（13）

二、山东地震构造背景 …………………………………………（14）

三、山东历史地震 ………………………………………………（14）

四、20世纪山东十大地震灾害事件 ……………………………（15）

第二章　农村民居建筑抗震基本要求

第一节　建设场地选择……………………………………………（16）

一、避开不利地段 ………………………………………………（16）

二、地形和地貌的影响⋯⋯⋯⋯⋯⋯⋯⋯⋯⋯⋯⋯（17）

三、避开地震活动断层⋯⋯⋯⋯⋯⋯⋯⋯⋯⋯⋯⋯（19）

四、避开饱和砂土、软弱黏土场地⋯⋯⋯⋯⋯⋯⋯⋯（20）

五、地下水的影响⋯⋯⋯⋯⋯⋯⋯⋯⋯⋯⋯⋯⋯⋯（20）

第二节　农村民居规则性要求⋯⋯⋯⋯⋯⋯⋯⋯⋯⋯⋯（21）

一、农村房屋体形的规则性⋯⋯⋯⋯⋯⋯⋯⋯⋯⋯（21）

二、房屋结构形式协调⋯⋯⋯⋯⋯⋯⋯⋯⋯⋯⋯⋯（26）

三、墙体布置⋯⋯⋯⋯⋯⋯⋯⋯⋯⋯⋯⋯⋯⋯⋯⋯（26）

四、门、窗洞口布置⋯⋯⋯⋯⋯⋯⋯⋯⋯⋯⋯⋯⋯（29）

五、墙体局部尺寸⋯⋯⋯⋯⋯⋯⋯⋯⋯⋯⋯⋯⋯⋯（29）

第三节　房屋的整体性和连接⋯⋯⋯⋯⋯⋯⋯⋯⋯⋯⋯（31）

一、墙体拉结⋯⋯⋯⋯⋯⋯⋯⋯⋯⋯⋯⋯⋯⋯⋯⋯（32）

二、楼屋盖⋯⋯⋯⋯⋯⋯⋯⋯⋯⋯⋯⋯⋯⋯⋯⋯⋯（32）

第四节　楼梯⋯⋯⋯⋯⋯⋯⋯⋯⋯⋯⋯⋯⋯⋯⋯⋯⋯（33）

一、构造要求⋯⋯⋯⋯⋯⋯⋯⋯⋯⋯⋯⋯⋯⋯⋯⋯（33）

二、主要抗震措施⋯⋯⋯⋯⋯⋯⋯⋯⋯⋯⋯⋯⋯⋯（35）

第五节　附属构件⋯⋯⋯⋯⋯⋯⋯⋯⋯⋯⋯⋯⋯⋯⋯（36）

第三章　地基与基础的抗震施工

第一节　地基分类⋯⋯⋯⋯⋯⋯⋯⋯⋯⋯⋯⋯⋯⋯⋯（42）

一、土的特性⋯⋯⋯⋯⋯⋯⋯⋯⋯⋯⋯⋯⋯⋯⋯⋯（42）

二、地基分类⋯⋯⋯⋯⋯⋯⋯⋯⋯⋯⋯⋯⋯⋯⋯⋯（44）

三、地基承载力的确定⋯⋯⋯⋯⋯⋯⋯⋯⋯⋯⋯⋯（47）

第二节　地基抗震处理措施⋯⋯⋯⋯⋯⋯⋯⋯⋯⋯⋯⋯（47）

一、地基震害特点⋯⋯⋯⋯⋯⋯⋯⋯⋯⋯⋯⋯⋯⋯（48）

二、软土地基⋯⋯⋯⋯⋯⋯⋯⋯⋯⋯⋯⋯⋯⋯⋯⋯（49）

三、液化地基⋯⋯⋯⋯⋯⋯⋯⋯⋯⋯⋯⋯⋯⋯⋯⋯（52）

四、不均匀地基⋯⋯⋯⋯⋯⋯⋯⋯⋯⋯⋯⋯⋯⋯⋯（53）

五、山区地基 ……………………………………………………（53）

六、湿陷性黄土地基 ………………………………………………（55）

七、防地裂措施 …………………………………………………（56）

第三节 基础抗震措施与施工 …………………………………（56）

一、常见基础类型 ………………………………………………（56）

二、基础材料要求 ………………………………………………（58）

三、基础的埋置深度 ……………………………………………（60）

四、抗震措施与施工 ……………………………………………（60）

五、防潮层 ………………………………………………………（71）

六、基础圈梁 ……………………………………………………（71）

七、基坑回填 ……………………………………………………（72）

第四章 砖砌体结构房屋抗震施工

第一节 震害现象及成因 …………………………………………（73）

一、砖房震害原因 ………………………………………………（73）

二、砖房屋抗震基本原则 ………………………………………（84）

第二节 砖砌体 …………………………………………………（85）

一、砖砌体选材要求 ……………………………………………（85）

二、砖砌体的抗震措施 …………………………………………（87）

三、砖砌体的砌筑要求 …………………………………………（89）

第三节 构造柱 …………………………………………………（93）

一、构造柱选材要求 ……………………………………………（94）

二、构造柱构造要求 ……………………………………………（95）

三、构造柱的施工顺序 …………………………………………（103）

第四节 圈梁 ……………………………………………………（105）

一、圈梁选材要求 ………………………………………………（106）

二、圈梁设置与构造要求 ………………………………………（106）

三、圈梁施工要求 ………………………………………………（116）

第五节　钢筋混凝土楼、屋盖 ……………………………（117）
　　一、选材要求 ………………………………………………（117）
　　二、设置要求 ………………………………………………（117）
　　三、楼、屋盖截面尺寸和配筋 ……………………………（118）
　　四、楼、屋盖钢筋混凝土梁 ………………………………（122）
第六节　木屋盖 ……………………………………………（123）
　　一、坡面瓦木屋盖承重方式 ………………………………（123）
　　二、坡面瓦木屋盖的构造 …………………………………（124）
　　三、木结构连接 ……………………………………………（126）
　　四、屋架构造 ………………………………………………（132）
　　五、檩条与屋架（梁）的连接及檩条之间的连接 ………（134）
　　六、屋架之间的连接 ………………………………………（135）
　　七、木屋盖与砖墙的连接 …………………………………（136）
　　八、施工要求 ………………………………………………（140）

第五章　砌块砌体结构房屋抗震施工

第一节　建筑布置基本要求 ………………………………（143）
第二节　混凝土小型空心砌块砌体 ………………………（144）
　　一、选材要求 ………………………………………………（144）
　　二、抗震措施 ………………………………………………（145）
　　三、施工要求 ………………………………………………（147）
第三节　芯柱 ………………………………………………（150）
　　一、选材要求 ………………………………………………（150）
　　二、设置要求 ………………………………………………（150）
　　三、抗震措施 ………………………………………………（151）
　　四、施工要求 ………………………………………………（152）
第四节　构造柱 ……………………………………………（153）
　　一、选材要求 ………………………………………………（153）
　　二、设置要求 ………………………………………………（153）

　　三、抗震措施 ……………………………………………（153）

　　四、施工要求 ……………………………………………（154）

第五节　圈梁 ………………………………………………（154）

　　一、选材要求 ……………………………………………（154）

　　二、设置部位 ……………………………………………（154）

　　三、配筋砖圈梁抗震措施 ………………………………（155）

　　四、钢筋混凝土圈梁抗震措施 …………………………（155）

第六节　楼、屋盖 …………………………………………（155）

　　一、选材要求 ……………………………………………（155）

　　二、构件的支承长度 ……………………………………（156）

　　三、抗震措施 ……………………………………………（156）

　　四、女儿墙 ………………………………………………（156）

第六章　石结构房屋抗震施工

第一节　震害现象及成因 …………………………………（159）

　　一、墙体分布及门、窗洞口布置不合理 ………………（159）

　　二、砌筑砂浆强度不足 …………………………………（159）

　　三、块石砌筑方法不当 …………………………………（160）

　　四、纵、横墙间缺乏有效拉结 …………………………（161）

第二节　抗震构造要求 ……………………………………（162）

第三节　石砌体 ……………………………………………（163）

　　一、毛石砌体 ……………………………………………（163）

　　二、料石砌体 ……………………………………………（166）

第四节　壁柱与垫块 ………………………………………（169）

第五节　圈梁 ………………………………………………（170）

　　一、圈梁 …………………………………………………（170）

　　二、配筋砂浆带 …………………………………………（170）

第六节　屋盖 ………………………………………………（171）

　　一、构件支承长度 ………………………………………（171）

二、构件连接 ……………………………………………………（172）

第七章　框架结构房屋抗震施工

第一节　震害现象及成因…………………………………………（176）

一、结构布置不合理产生的震害 …………………………（176）

二、框架结构的震害 ………………………………………（178）

三、填充墙的震害 …………………………………………（181）

四、楼梯的震害 ……………………………………………（183）

第二节　基本要求…………………………………………………（184）

一、一般规定 ………………………………………………（184）

二、抗震等级 ………………………………………………（186）

三、材料要求 ………………………………………………（186）

第三节　框架柱……………………………………………………（186）

一、截面尺寸 ………………………………………………（187）

二、轴压比限值 ……………………………………………（187）

三、纵筋 ……………………………………………………（187）

四、箍筋 ……………………………………………………（193）

第四节　框架梁……………………………………………………（198）

一、截面尺寸 ………………………………………………（198）

二、纵向钢筋 ………………………………………………（198）

三、箍筋 ……………………………………………………（200）

四、其他构造筋 ……………………………………………（202）

第五节　梁柱节点…………………………………………………（205）

一、节点核芯区箍筋要求 …………………………………（205）

二、梁、柱纵筋在节点区的锚固 …………………………（205）

第六节　填充墙……………………………………………………（206）

附录一　房屋各部位示意图………………………………………（209）

附录二　换填垫层法厚度和宽度的确定…………………………（210）

附录三　中国地震烈度表…………………………………………（212）

第一章 概 述

第一节 地震基本知识

同人们日常所见的刮风、下雨一样，地震也是一种自然现象。这种自然现象与地球内部的物质运动，特别是地壳运动有关。地震时，地面上下颠，左右晃，颠簸震撼，"如行舟于江河大海之中"，所以古人称地震为地动。

地球是一颗活动的星球，随着地球的运动，地震从没有停止过。有数据表明，在我们人类居住的这个地球上，每天都有地震发生。3级左右的小地震每年都要发生500万次之多。

地震是地壳运动的结果，它是一种不以人的意志为转移的客观存在。同时，由于地震的突发性，在瞬间所造成的建筑物破坏和人员伤亡，是任何威胁人类生存的其他自然灾害所不及的。因此，人们不能寄希望于我们生活的地球不发生地震，也不能设想有地震，但不形成灾害。我们必须面对现实，正视地震的存在，了解地震的基本特征和规律，从中找出防震减灾的措施和办法，以保证人民安居乐业。

概括地讲，我们对地震给出如下的定义：

地震是由于地球内部缓慢积累的巨大能量，通过断层运动以地震波的形式突然释放出来，从而引发地面震动的一种自然现象。

一、地震的成因和类型

（一）地震成因

地球表面并不是一块完整的岩石，而是由大小不等的板块彼此镶嵌组成的，其中最大的有七块，它们是南极洲板块、欧亚板块、北美洲板块、南美洲板块、太平洋板块、印度与澳洲板块和非洲板块，这些板块在地幔上面以每年几厘米到十几厘米的速度漂移运动，相互挤压碰撞，从而使地表产生破裂或错动，这是地震产生的主要原因。

（二）地震类型

人们为了更深入地了解地震，将地震进行各种科学的分类。分类标准和目的不同，分类方法也就不同。例如我们可根据地震震级的不同，将地震分为弱地震、中强地震和强地震。根据人的感觉分为无感地震和有感地震。

尽管分类的方法很多，最常用的是根据地震成因进行的分类。根据地震成因，一般把地震分为三大类，第一大类是天然地震，第二大类是人工地震，第三大类是和前两种密切相关的诱发地震。对于天然地震这一大类，又可分为构造地震、火山地震和陷落地震。随着人类活动对自然界的影响越来越大，从应用的角度，有必要引入与人类活动有关的人工地震和诱发地震。因此目前通用的分类是五类，即构造地震、火山地震、陷落地震、人工地震、诱发地震。

1. **构造地震**

构造地震是由地球内部构造运动导致岩层断裂而引起的天然地震。世界上大约 90%左右的地震属于构造地震。在三种类型的天然地震中，以构造地震对人类的影响和威胁最大。主要是因为：

(1) 构造地震孕育的时间很长，因而能量聚积也就大，一旦发生地震，地震释放出来的能量十分巨大，例如 1976 年 7 月 28 日唐山 7.8 级地震，释放出来的能量相当于 400 颗美国 1945 年投向日本广岛的原子弹的能量。2008年5月12日四川汶川8.0级地震震惊世界，地震引发的崩塌、滑坡、泥石流、堰塞湖等次生灾害举世罕见。

(2) 构造地震的社会影响范围大。唐山大地震破坏范围超过3万平方千米，比阿尔及利亚的国土面积还要大。这次地震的有感范围包括我国14个省（市、自治区），总面积约为217万平方千米，相当于7个意大利的国土面积。

汶川8.0级地震，使四川省汶川、北川和青川等县受到毁灭性破坏，地震波及四川、甘肃、陕西、重庆等10个省（直辖市、自治区），灾区总面积约50万平方千米。

(3) 构造地震的破坏力巨大。唐山大地震中死亡人员达24.24万人，成为20世纪后半叶死亡人数最多的一次自然灾害。直接经济损失达100亿元人民币。汶川8.0级地震，已报道因地震死亡69227人，受伤374643人，失踪17823人（截至2008年9月28日）。房屋大量倒塌损坏，工农业生产基础设施大面积损毁，生态环境遭到严重破坏，直接经济损失8451亿多元。

2. 火山地震

这类地震能量比起构造地震要小，范围也小，一般出现在火山活跃区。大的火山喷发往往伴有火山地震，这就犹如雪上加霜，给火山区的人们带来巨大的心理阴影。由于火山地震多发生在火山活动区，一般情况下，大部分居民已撤离，因此对火山地震的文字记述比较少，但通过仪器所获得的资料还是比较丰富的。火山地震约占全球地震总数的7%左右。

我国的云南、吉林、黑龙江等地历史上有过火山地震的记载，目前在长白山、五大连池等有火山活动迹象的地区，正加强微震监测。

3. 陷落地震

这种类型的地震是由岩层的塌陷导致地层的断裂、变形，从而形成地震。造成地层塌陷的原因很多，如地下溶洞不能支撑上面岩层的重压；雨水和地下水对岩层的物理和化学侵蚀，往往也容易造成地层的塌陷。这类地震出现的几率更少，仅占全球地震总数的3%左右。但对其产生的破坏，也不可小觑。现在一般不将因矿山开采引发的"冒顶"等矿山地震列入陷落地震，而列入诱发地震内。

4. 人工地震

人工地震通常是指工程爆破、核爆破等引起的地面震动。其中也包括意外爆炸事件，如2000年8月14日发生在北海的库尔斯克号核潜艇爆炸事件，人们曾认为该事件是别的国家核潜艇攻击所致，实际是核潜艇自身携带的核弹头发生爆炸，然后导致潜艇下沉，撞击海底产生巨大震动，相当于一个3级多的地震。工程爆破有修公路、铁路、水库、机场、城市定向爆破等。应当注意区别工程爆破引发的天然地震，这种引发的地震虽然很小，但由于处于工程区范围内，其影响不可忽视。

5. 诱发地震

诱发地震目前还没有一个比较统一的划分规则，习惯上根据人类活动的影响特点，分为水库地震、矿山地震、油田注水地震等。

水库地震是人们容易想到的一种诱发地震。由于水库长时间地反复蓄水和排水，在库容水的重力作用和库容水向四周和深部岩层的渗透淋洗作用下，引起水库底部周围地区地层的运动，如果存在断层，就有可能加速和扩大断层的位移、断裂、错位，进而引发地震。水库地震虽然影响范围有限，但也有相当的破坏力。

目前我国测得震级最大的水库地震是1962年3月19日发生在

广东新丰江水库的 6.1 级地震。世界上公认的震级最大的水库地震是 1967 年 12 月 10 日发生在印度柯伊纳水库的 6.3 级地震。不是所有的水库都能诱发地震，能诱发出地震的水库仅占水库总数的千分之一。

上述不同类型的地震，有时是单独发生的，但有时是共同出现在同一次或一群地震中。在特大型的构造地震发生时，常伴有火山地震发生。在矿山开采爆破后，常有与矿山地区区域构造有关的矿山微震发生。

二、地震基本概念

（一）震源和震源深度

震源是指地球内部介质突然发生断裂、错动的地方。不同的地震，震源的深度不同。所谓震源深度是指从地面垂直向下到震源的距离（图 1.1.1），我们把地震分为浅源地震、中源地震和深源地震三类（表 1.1.1）。地球上大部分地震为浅源地震。目前有记录可查的最深地震为 1934 年 6 月 29 日发生在印度尼西亚苏拉威岛以东的地震，其震源深度为 720km。我国新疆西部的喀什、伽师等地是中深源地震区；吉林珲春一带是世界著名的深源地震区。

表.1.1.1 浅源地震、中源地震和深源地震的划分

类 别	震源深度	震 例
浅源地震	小于 60km	1976 年 7 月 28 日发生的唐山 7.8 级大地震，其震源深度为 10km
中源地震	60～300km	1959 年 4 月 27 日发生的台湾东部近海 7.5 地震，其震源深度为 110km
深源地震	大于 300km	2002 年 6 月 29 日发生的吉林省汪清 7.2 级地震深度为 540km

图 1.1.1　震源、震中、震中距示意图

（二）震中和震中距

震中是震源在地表的投影。震中又分为微观震中和宏观震中。平时所说的震中就是指微观震中，由地震仪器观测确定。宏观震中是地震破坏最严重的中心。因地下结构的不均匀性，微观震中和宏观震中有时不一致。

震中距是震中到观测者所在地点的距离。根据震中距的大小，可把地震分为地方震、近震和远震三类（图 1.1.1）。

大家所熟悉的唐山地震，震害波及天津和北京。同时，西到兰州，南到广州，约 200 万平方千米的范围内都有不同程度的震感。唐山大地震对天津和北京来讲，约 100 km 多，属于近震范围。对于兰州、广州等地，震中距为 1000～2000km，已是"远震"了。因此，震中距不是地震本身的属性，而是观测地点相对于震中的远近而言的。

（三）地震波

地震释放出巨大的弹性波能量，我们把这种蕴藏着巨大能量的弹性波称为地震波。地震波主要由纵波和横波组成。纵波（压缩波、P波）：在地球内部传播，在传播过程中，介质发生体积胀缩变化，纵波能通过固体、液体、气体物质传播，传播速度较高。横波（剪切波、S波）：在地球内部传播，在传播过程中，介质发生剪切变形，体积不变。横波传播速度较慢，而且只能通过固体物质传播（图1.1.2～1.1.3）。其区别与特征见表1.1.2。

表 1.1.2 地震波的区别与特征

波名	其他称呼	波速（km/s）	震动特点	地面现象
纵波	P波或压缩波	稍快，5～6	震动方向与该波的传播方向一致	引起地面上下颠簸振动
横波	S波或剪切波	稍慢，3～4	震动方向与该波的传播方向垂直	引起地面的水平晃动

从表1.1.2可以看出，纵波的传播速度快于横波。地震时，纵波总是先到地表，而横波稍后到达。因此在发生震级较大的地震时，在距震中一定距离以外，人们总是先感到上下颠簸振动，随后才有很强烈的水平晃动。

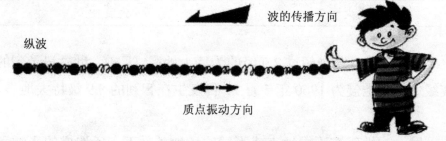

波的传播方向

纵波

质点振动方向

图 1.1.2 纵波示意图

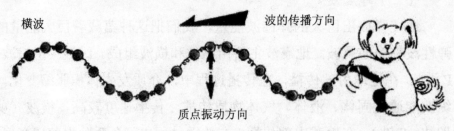

横波

波的传播方向

质点振动方向

图 1.1.3　横波示意图

（四）地震震级和烈度

1. 震级

震级是表示地震本身能量大小的等级。震级是根据地震仪记录的地震波计算出来的。地震释放出来的能量越大，震级越高；地震释放出来的能量越小，震级越低。所以说震级是区别地震大小的量度。

地震的强弱根据地震震级的大小分为五个等级，见表 1.1.3。

表 1.1.3　地震震级与强弱等级

震级	强弱等级
小于 3 级	无感地震（弱震、微震）
大于 3 级，小于 4.5 级	有感地震
大于 4.5 级，小于 6 级	中强地震
等于或大于 6 级，小于 7 级	强震
等于或大于 7 级	大震

大震之中，震级超过 7.9 级的为特大地震。目前，世界记录到的震级最大的地震为 1960 年 5 月 22 日发生在智利的 8.9 级特大地震。

2. 烈度

同一次地震在不同地点或不同的场地条件下，所造成的影响和破坏程度是不同的。我们用烈度表示地震对地面的影响强弱和破坏程度。地震烈度与地震的震级是不同的。地震烈度不仅取决于地震本身的大小，还受震中距、震源深度、地层构造、地面建筑物状况等许多因素的影响。在一般情况下，震级越大，地震烈度也越高。在同一次地震中，离震中越近，地震烈度越高；离震中越远，地震烈度就越低。震源深度不同，地震烈度也不同：对同样大小的地震，震源越浅，地震烈度越高。建筑物的建筑质量不同，地震烈度也有不同：同样大小的地震，地面建筑物质量越差，地震烈度越高；建筑物越坚固，地震烈度越低。例如，发生在 1976 年 7 月 28 日的唐山大地震，震级为 7.8 级，震中烈度为 XI 度，天津为 VII～VIII 度，北京为 VI～VII 度，石家庄和太原是 IV～V 度。

（五）地震活动断层

活动断层一般是指 10 万年以来有过活动、现今仍在活动，未来还可能活动的断层，而地震活动断层是指规模大、延伸深、活动强、具有发生中强以上地震能力的活动断层。地震活动断层不但决定着多数破坏性地震的发生位置，而且沿活动断层在地表所形成的地震断层对沿线的建设物具有直接的破坏。

第二节　地震灾害

一、地震原生灾害

地震原生灾害是指强烈地震发生时，由于地面剧烈振动，直接导致建筑物、构筑物以及其他基础设施损毁，并导致地质、地貌等自然环境条件的激变，由此造成人员伤亡和社会财富损失，并给震后的灾民生活和社会救助活动造成困难，这一切谓之地震原生灾害。

二、地震次生灾害

地震次生灾害一般指以震动的破坏后果为导因引起的一系列其他灾害，诸如火灾、水灾、海啸、滑坡和泥石流以及有毒有害物质泄漏、放射性污染等。

(1) 火灾。由地震破坏造成电线短路、煤气泄漏等引发的火灾，有的次生火灾损失比地震直接灾害造成的损失更严重。

(2) 水灾。诸如地震引起水库、大坝决堤造成的水灾，或者由于山体滑坡形成堰塞湖，然后溃坝造成的水灾。

(3) 海啸。这是一种具有强大破坏力的灾难性海浪。发生在海底的地震，由于海底岩层发生断裂并出现突然的上升或下降，由此造成从海底到海面的整个水层发生剧烈"抖动"形成"水墙"，即引发海啸。

(4) 地震地质灾害。地震发生后，引发的山体滑坡、泥石流有时会造成二次灾害。

(5) 有毒有害物质泄露。地震造成贮存、运输有毒、有害物质、放射性物质泄漏，从而对人类造成的损失和伤害。

三、地震衍生灾害

地震衍生灾害亦为广义的地震次生灾害，它们是地震事件后生成的，但不以震动为导因，多为社会性灾害，如瘟疫、饥荒、冻灾、社会动乱、人的心理创伤等。

四、地震对建筑物的破坏作用

（一）地基失效

地震时，地基土的物理力学性质发生变化，致使地基失效而导致建筑物的破坏。地基受震失效主要表现为：

(1) 失稳。由于土体承受了瞬时的过大的地震作用，或由于土体本身强度瞬时降低，都会使地基失稳。砂土液化、河岸或斜坡地基的滑移都是地基失稳的例子。

（2）地基变形而导致建筑物过量震陷或不均匀震陷。建在半挖半填地基或其他成层条件复杂的地基，或软土地基上的建筑在地震时容易发生这类破坏。

（二）共振效应

地震波在地表土层中传播时，由于受到不同性质界面的多次反射，某个周期的地震波的强度会得到特别增强，这种波的周期称为该土层的卓越周期。坚硬土的卓越周期较短，松软厚层土的卓越周期较长。各区域的卓越周期可用仪器进行测量。地震时，如果建筑物的自振周期与地基的卓越周期一致或相近，就会发生共振，从而大大增加振动力，导致建筑物的破坏。

（三）上部结构的破坏

地震释放的能量，以地震波的形式向四周扩散，地震波到达地面后引起地面运动，使建筑物产生强迫振动，其作用在结构上的惯性力就是地震荷载，即地震作用。当地震作用在建筑物上的作用力超过建筑物的承受能力时，就会对建筑物造成破坏，比如墙体裂缝、柱子倒塌、楼盖损坏等。

第三节　地震灾害工程性防御

一、建筑抗震设防分类

建筑应根据其使用功能的重要性分为甲类、乙类、丙类、丁类四个抗震设防类别。甲类建筑属于重大建筑工程和地震时可能发生严重次生灾害的建筑，乙类建筑属于地震时使用功能不能中断或应尽快恢复的建筑，丁类建筑属于抗震次要建筑，丙类建筑属于除甲、乙、丁类以外的一般建筑。

二、抗震设防要求

抗震设防要求是指省以上人民政府地震行政主管部门审定或审批的建筑工程必须达到的抗御地震破坏的准则和技术标准，包括抗震设计需要的地震烈度或地震动参数。

抗震设防要求是在综合考虑地震环境，建筑工程的需要程度，允许的风险水平及国家经济承受能力和要达到的安全目标等因素的基础上确定的。

抗震设防要求按照工程建设重要性分类，主要由两部分组成。一部分是一般工程的抗震设防要求，依据国务院地震行政主管部门制定并经国务院批准的地震区划图或地震小区划结果所规定的地震烈度或地震动参数确定。另一部分是重大建设工程、可能发生严重次生灾害的建设工程、核电站和核设施建设工程的抗震设防要求，由省级以上人民政府地震行政主管部门根据国家或省地震安全性评定委员会审定的地震安全评价结果，按照建设项目管理权限审批确定。

在确定村镇规划时，首先要进行该地区的地震安全性评价，并依据审批的安全性评价结论，避让活动断层，避开不利的地震构造环境，如塌陷、滑坡、砂土液化等区域。

三、建筑抗震设防目标

不少国家的抗震设计规范都采用了这样一种抗震设计思想：在建筑使用寿命期限内，对不同频度和强度的地震，其抗震设防目标不同。对较小的地震，由于其发生的可能性大，且强度较小，因此遭遇到这种多遇地震时，要求结构不受损坏，这在技术上和经济上都是可以做到的；对于罕遇的强烈地震，由于其发生的可能性小，当遭遇到这种地震时，如果要求做到结构不受损坏，这在经济上是不合算的。比较合理的做法是，应当允许损坏，但在任何情况下结构不应倒塌。

基于国际上这一趋势，结合我国具体情况，我国《建筑抗震设计规范》（GB50011—2001）提出了与这一抗震设计思想相一致的"三水准"设计原则。

第一水准：当遭受到多遇的低于本地区设防烈度的地震影响时，建筑一般不受损坏，或不需修理仍能继续使用。

第二水准：当遭受到本地区设防烈度的地震影响时，建筑可能有一定的损坏，经一般修理或不经修理仍能继续使用。

第三水准：当遭受到高于本地区的设防烈度的罕遇地震影响时，建筑不致倒塌或发生危及生命的严重破坏。

"三水准"抗震设防目标的通俗说法是"小震不坏，中震可修，大震不倒"。

第四节　地震概况

一、中国大陆及其邻近地区的地震构造背景和概况

中国大陆及其邻近地区在印度洋板块和太平洋板块的联合作用下，形成了台湾、华南、华北、东北、青藏、天山和南海 7 个地震构造活动区和郯庐、汾渭、柴达木—阿尔金、喜马拉雅、龙门山、六盘山—祁连山和西昆仑—帕米尔等 23 个地震构造活动带。中国大陆及其邻近发生的所有 7 级以上地震和大部分的 6 级地震都发生在这个 7 个地震构造活动区和 23 个地震构造活动带上。

中国大陆及其邻近地区地震和断裂活动的基本特征是，以南北地震带为界，西部地区断裂活动强度、位移速率和位移量大于东部

地区断裂活动强度、位移速度率和位移量；西部地区地震活动强度大、频度高、强震复发周期短，东部地区地震活动强度较大、频度低、强震复发周期长。由于我国东部地区人口密集、经济发达，地震造成的人员伤亡和经济损失大于西部地区。

二、山东地震构造背景

我省内陆分布着著名的北北东向郯庐断裂带和聊考断裂带，北部海域分布北西向渤海—蓬莱—威海断裂带，南部海域分布北东向南黄海构造带，这些断裂带都是地震活动构造带，具有发生破坏性地震的地质构造背景。

三、山东历史地震

山东省是多地震省份，有史料记载以来，全省陆地及邻近海域曾发生5级以上地震70次，其中7级以上地震7次，8级地震1次。17个市中有13个发生过5级以上地震。全省地震活动具有分布广、强度大、震源浅和灾害严重的特点。发生在山东省内陆及沿海的7级以上地震次数占华北地区的二分之一，7级以上地释放的能量占华北地区的二分之一。全省54%的国土位于地震基本烈度Ⅶ度（含）以上范围内。

公元前1831年的泰山震（夏帝发七年，泰山震）是我国史料记载最早的地震，距今有3800多年的历史。

1668年7月25日戌时郯城8½级地震，是我国东部地区最为强烈的一次地震，中国东部鲁、苏、皖、浙、闽、赣、鄂、豫、冀、晋、陕、辽等十余省500余县及朝鲜半岛同时震动，都留有文字记载。山东郯城、沂州、莒县破坏最重。包括州志、县志、方志、诗文、碑刻等500多种史料记载了这次地震。震中周围50多万平方千米范围内的150多个州县遭受不同程度破坏，共压毙在册人丁5万

多人，有感半径达 800 多千米。极震区北至莒县，南至郯城，沿沂
沭断裂带呈北北东向分布，其中郯城县、临沭县部分地区地震烈度
达XII度，其他地区烈度达XI度。

四、20世纪山东十大地震灾害事件

20 世纪山东及近海地区发生 5 级以上地震 10 次，平均 10 年 1
次；发生 6 级以上 5 次，平均 20 年 1 次；发生 7 级以上地震 2 次，
平均 50 年 1 次。具体情况如表 1.1.4。

表 1.1.4 20世纪山东及近海 M_S≥5级地震

序 号	日期（年.月.日）	地 点	震 级
1	1910.01.08	南黄海北部	6
2	1932.08.22	南黄海北部	6
3	1937.08.01	菏泽	7
4	1939.01.08	乳山	5
5	1948.05.23	威海西北海域	6
6	1948.05.29	菏泽	5
7	1969.07.18	渤海	7.4
8	1983.11.07	菏泽	5.9
9	1992.01.23	南黄海北部	5.3
10	1995.09.20	苍山	5.2

第二章　农村民居建筑抗震基本要求

第一节　建设场地选择

地震对建筑物的破坏作用是通过场地、地基和基础传递给上部结构的。场地、地基在地震时起着传递地震波和支承上部结构的双重作用，因此，对建筑结构的抗震性能具有重要影响。在建筑结构抗震设计时，地震作用下由地基变形和失效所造成的上部结构破坏目前还无法进行定量计算，主要是依靠场地条件选择和地基抗震措施加以考虑，包括场地选择、液化判别和地基处理等。

大量震害的调查研究发现，在具有不同工程地质条件的场地，建筑物在地震中的破坏程度是明显不同的。根据《建筑抗震设计规范》（GB50011—2001）划分出Ⅰ、Ⅱ、Ⅲ和Ⅳ类建筑场地，对农村民居建筑而言，由Ⅰ到Ⅳ类建筑场地的抗震性能是逐渐降低的。松软潮湿土层一般对建筑抗震不利。在相同地震作用下，软弱地基相对坚硬地基更易产生破坏。软弱地基的竖向和水平位移加大、不均匀沉陷加重和砂土液化导致的基础失效是软弱地基上建筑物破坏的主要原因。因此，选择抗震有利的场地和避开抗震不利的场地建造房屋，第一可以大大减轻地震灾害，第二可节省地基处理造价。

一、避开不利地段

选择建筑场地时，应当按表 2.1.1 的划分选择抗震有利地段，避开不利地段，当无法避开时应当采取有效措施，严禁在危险地段建造房屋。

表 2.1.1　有利、不利和危险地段的划分

地段类别	地质、地形、地貌
有利地段	稳定基岩，坚硬土，开阔、平坦、密实、均匀的中硬土等
不利地段	软弱土，液化土，条状突出的山嘴，高耸孤立的山丘，非岩质的陡坡，河岸和边坡的边缘，平面分布上成因、岩性、状态明显不均匀的土层（如古河道、疏松的断层破碎带、暗埋的塘浜沟谷和半填半挖地基）等
危险地段	地震时可能发生滑坡、崩塌、地陷、地裂、泥石流等及发震断裂带上可能发生地表错位的部位

二、地形和地貌的影响

震害调查研究发现，在相同地震作用下，不同的地形和地貌单元上建筑物的破坏程度是不同的。条状突出的山嘴、高耸孤立的山丘以及非岩石的陡坡等地段，地震动会有明显的放大效应，会出现局部的烈度异常区，建筑物的破坏相应加重。丘陵地区及河、湖岸区等常见的地震滑坡以及危岩地段伴随地震发生的岩石崩塌和崩落，对房屋破坏和人身安全危害极大。1668 年郯城 8.5 级地震，枣庄熊儿山南坡出现大规模的岩石崩塌和崩落（图 2.1.1），山下的七户人家全部被崩落的岩石埋葬，除一位货郎因外出卖货幸免，全部人员遇难。熊儿山大规模岩石崩塌和崩落所造成的建筑毁坏和人员伤亡的事例告诉人们，选择好建筑场地是非常重要的。

当需要在条状突出的山嘴、高耸孤立的山丘、非岩石的陡坡、河边和边坡边缘等不利地段建造建筑物时，要充分考虑岩土在地震作用下的稳定性，还要考虑局部地形对地震的放大作用。

图 2.1.1　1668 年郯城 8.5 级地震造成的熊耳山南坡岩石崩塌和崩落

　　在坡边建造房屋时应当满足一定的地震安全距离（图 2.1.2～图 2.1.4）。地震安全距离（H）可以根据陡坡的斜坡长度（L）和倾角（α）确定。距离坡脚的最小安全距离不得小于坡高（H），其确定公式如下：

$$H = L\sin\alpha$$

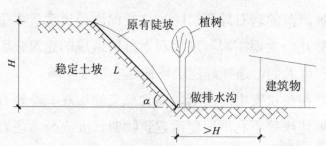

图 2.1.2　坡边建造房屋选址的安全距离（坡下）

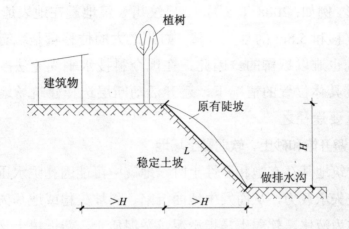

图 2.1.3 坡边建造房屋选址的安全距离（坡上）

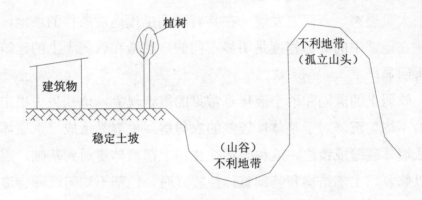

图 2.1.4 坡边建造房屋选址的安全距离（孤山）

三、避开地震活动断层

大量实际资料表明，强烈地震多发生于规模较大的活动断裂带上，且地震活动断裂近旁的建筑破坏远甚于远离该断层的建筑破坏。这是因为一个强烈地震的蕴震体尺度往往可达数十至上百公里，有些强烈地震的破裂面可以直达地表，引起地表的强烈位错或变形，例如：2008 年 5 月 12 日汶川 8 级地震在地表造成 6.2m 的水平位移和 5.8m 的垂直位移，如此之大的位移量是现有的任何抗震措施也难以抵御的。因此，在现今科技水平尚无法准确判定未来强震具体位置的情况下，避开活动断层选择建筑场地是减轻灾害的重要途径之一。

四、避开饱和砂土、软弱黏土场地

当建筑地基存在饱和砂性土时，地震中可能因孔隙水压升高导致土体丧失承载力，从而发生地面沉陷、斜坡失稳或地基失效，这种现象称为液化。软弱土是指淤泥、淤泥质土、新近填土等。由于软弱土压缩性高，抗剪强度很低，在外荷载作用下地基承载力低、地基变形大，不均匀变形也大。

大量震害调查研究发现，在具有不同工程地质条件的场地，建筑物在地震中的破坏程度是明显不同的，建造在软弱土上的建筑物震害明显严重。

软弱土的震陷和砂土液化是常见的震害现象，地基失去稳定引起的不均匀沉降对于整体性较差的农村房屋更容易造成严重破坏，造成墙体裂缝或错位，这种破坏往往由上部墙体贯通到基础，震后难以修复。上部结构和基础整体性较好时，地基不均匀沉降会造成建筑物倾斜。地震时，软弱地基上基础的竖向和水平位移加大、不均匀沉陷加重、砂土液化导致的地基失效是软弱地基上建筑物破坏的主要原因。

五、地下水的影响

如果地下水埋藏较浅，地基土层松软潮湿，会使震害加重。特别是当建筑地基存在饱和砂性土时，很容易发生液化造成建筑物的严重破坏。

2000 多年前我们的祖先就认识到建设场地选择的重要性。道教创始人老子在道德经中提出了七善论：居善地，心善渊，与善仁，言善信，政善治，事善能，动善时。把居善地放在第一位，说明古人把人类生存放在首位，体现了以人为本的精髓。当今科学技术高度发展，人民的生活需求不断提高，古人的哲学思维值得我们效仿。从地震地质灾害的角度，"居善地"的诠释为：选择良好的建设场地，建设安全的建筑住所，保障人民生命和财产安全。

第二节　农村民居规则性要求

农村民居的规则性包含了房屋平、立面外形尺寸，抗地震作用构件的布置，重量分布以及承载力分布等方面对规则性、均匀性和对称性的综合要求。

合理的建筑布置在抗震设计中是极其重要的。形状比较简单、规则、均匀和对称的房屋，在地震作用下受力明确，容易估计出地震时的反应，在建造时容易采取抗震构造措施和进行细部处理。以往的震害经验充分表明，简单、规整的房屋在遭遇地震时破坏相对较轻或不易破坏。

一、农村房屋体形的规则性

（一）平面

房屋体形应当简单、规整，房屋平面布置应当力求规则、均匀、对称。

房屋平面形状最好为简单的方形和矩形。L 形、H 形和山字形房屋震害程度相对严重。

矩形平面的长边不要大于短边的 4 倍。否则，就采用抗震缝将长矩形分为两部分。若结构平面有凹凸进，凹凸进的一侧尺寸不应大于相应投影方向总尺寸的 25%。当凹凸进部分不满足此要求时，也应该采用抗震缝将建筑从平面上分成若干规则的矩形。如图 2.2.1、2.2.2 所示。

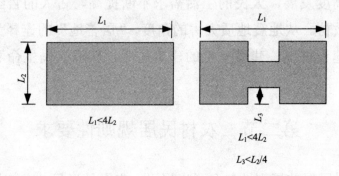

图 2.2.1　利于抗震的结构平面形状

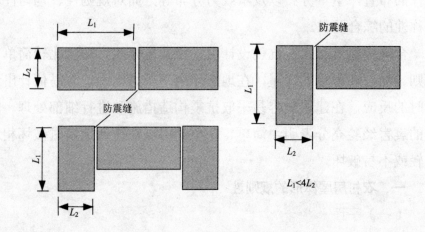

图 2.2.2　防震缝的设置

在抗震设防烈度 7～9 度地区内应设防震缝，一般从基础顶面断开，并贯穿房屋全高。如图 2.2.3 所示。

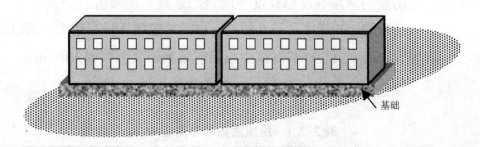

图 2.2.3　防震缝从基础顶面断开

　　震害表明，如果相邻房屋之间留设的防震缝宽度过小，相邻墙体在地震时容易发生碰撞破坏，导致房屋倒塌（图 2.2.4）。

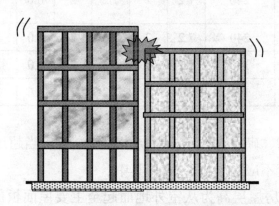

图 2.2.4　防震缝宽度过小易导致相邻房屋倒塌

　　防震缝宽应当根据设防烈度和房屋高度确定，对一至三层的农村民居可采用 70～100mm。当高度不超过 15m 时，防震缝宽度可采用 70mm。
　　（二）立面
　　房屋立面和竖向结构布置应当力求规则、连续，竖向墙柱的截面尺寸应自下而上逐渐减小，避免突变。房屋屋面宜采用平屋面或双坡屋面。

房屋的总层数及总高度不应该超过规定的限值。

房屋的层数越多，高度越高，它的地震破坏程度越大，所以控制房屋的总高度及总层数对减少地震时带来的震害有很大的作用。

房屋的层数和总高度不应当超过表 2.2.1 的规定。

表 2.2.1　房屋层数和总高度 H（m）限值

墙体类别	最小墙厚/ mm	抗震设防烈度							
		6		7		8		9	
		高度	层数	高度	层数	高度	层数	高度	层数
实心砖墙 多孔砖墙	240	7.2	2	7.2	2	6.6	2	3.3	1
蒸压砖墙	240	7.2	2	6.6	2	6.0	2	3.0	1
多孔砖墙	190	7.2	2	6.6	2	6.0	2	3.0	1
砌块墙	190	7.2	2	7.2	2	6.6	2	3.3	1

砖混结构、砌块砌体结构单层房屋层高不应当超过 3.9m，两层房屋各层高度不应当超过 3.6m。其中：

(1) 单层房屋层高为从室外地面起至主要屋面板的板顶或檐口高度，对坡屋面层高应当算到山尖墙的 1/2 高度处。

(2) 两层房屋的底层层高 H_1 为从室外地面起至二层楼板板顶，对坡屋面层高 H_2 应当算到山尖墙的 1/2 高度处（图 2.2.5）。

砖木结构在抗震设防烈度 6～8 度区宜建单层，且层高不宜大于 3.6m。如图 2.2.6 所示。

石结构房屋一般情况下用于抗震设防烈度为 6～7 度区的单层房屋，层高不宜超过 3.6m。

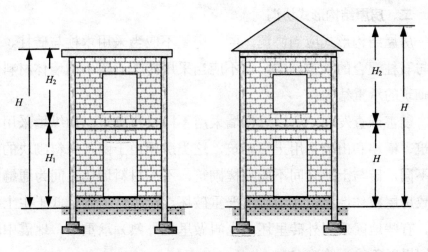

图 2.2.5　房屋层高和总高度

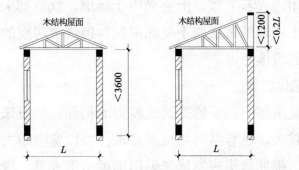

图 2.2.6　单层砖木结构房屋层高示意图（单位：mm）

　　震害表明，房屋高度与宽度之比越大，破坏越严重。房屋高度与宽度之比不应大于表 2.2.2 所列。

表 2.2.2　房屋高度与宽度之比限制要求

抗震设防烈度	6	7	8	9
最大高宽比	2.5	2.5	2.0	1.5

二、房屋结构形式协调

房屋结构形式应当协调，同一房屋不应当采用木柱与砖柱、木柱与石柱混合的承重结构，也不应当采用砖、石等不同墙体材料混合砌筑的承重结构。

震害调查发现，房屋纵横墙采用不同材料砌筑，如纵墙采用砖砌筑、横墙和山墙采用土坯砌筑，这类房屋由于两种材料砌块的规格不同，砖与土坯之间不能咬槎砌筑，不同材料墙体之间为通缝，导致房屋整体性差，在地震中严重破坏，抗震性能甚至低于生土结构。有些地区采用外砖里坯（也叫做里生外熟）承重墙，地震中墙体倒塌现象较为普遍。

这里所说的不同墙体混和承重，是指左右相邻不同材料的墙体，若下部采用砖（石）墙、上部采用土坯墙，或下部采用石墙、上部采用砖或土坯墙的做法则不受此限制，但这类房屋的抗震应按上部相对较弱的墙体考虑。

三、墙体布置

墙体是房屋中重要的抵抗地震力的构件，一般来说，墙体水平总截面积越大，越容易满足抗震要求；墙段宽度越大，分担的地震力就越大。砌体结构应当优先采用横墙承重或纵、横墙共同承重，避免采用纵墙承重。

震害表明，房屋的震害程度与承重方式有关。相对而言，横墙承重和纵横墙共同承重的房屋震害较轻。横墙承重房屋的纵墙只承受自重，起维护和稳定作用，这种体系横墙间距小，横墙间由纵墙拉结，具有较好的整体性和空间刚度，因此抗震性能较好。纵墙承重房屋横墙起分隔作用，通常间距较大，对纵墙的支承较弱，纵墙在地震作用下容易出现外闪破坏，造成纵墙承重房屋震害较重。

　　纵、横墙的布置宜均匀、对称，在平面上应当尽量对齐且互为支撑，应当尽量减少悬墙，在竖向应当上下连续。在同一轴线上，窗间墙的宽度宜均匀。

　　墙体均匀、对称布置，在平面内对齐、竖向连续是传递地震作用的要求，这样沿主轴方向的地震作用能够均匀对称分配到各个抗侧力墙段，避免出现局部受力集中或因扭转造成部分墙段受力过大而破坏倒塌。

　　(1) 纵、横墙的布置应均匀对称。

　　(2) 纵、横墙都要布置，如图 2.2.7 所示。

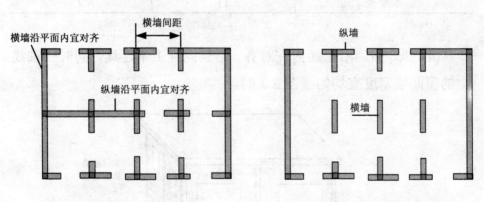

纵、横墙都布置抗震好　　　　　　单方向布置墙抗震差

图 2.2.7　纵、横墙的布置

　　(3) 抗震横墙间距。房屋抗震横墙的间距不应当超过表 2.2.3～2.2.5 的要求。

表 2.2.3　砖混房屋抗震横墙的最大间距（m）

屋盖结构类型	抗震设防烈度		
	6～7 度	8 度	9 度
现浇钢筋混凝土	18	15	11
装配整体式钢筋混凝土	15	11	7

表 2.2.4　砖木房屋抗震横墙的最大间距（m）

墙体类别	墙体厚度/mm	房屋层数	抗震设防烈度	
			6~7	8
实心墙	≥240	一层	11	9
多孔砖墙	≥190	一层	9	7
蒸压砖墙	≥240	一层	9	7

表 2.2.5　石结构房屋抗震横墙最大间距（m）

屋盖结构类型	抗震设防烈度	
	6~7 度	8 度
现浇钢筋混凝土	10	7
木屋盖	11	7

　　(4) 纵、横墙沿平面内宜对齐，沿竖向应上下连续，同时一轴线上的窗间墙宽度宜均匀（图 2.2.8）。

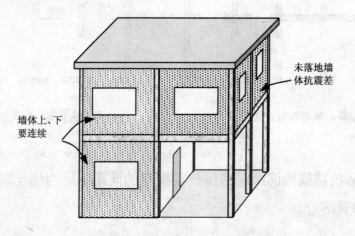

图 2.2.8　墙体竖向不连续不利于抗震

　　我国一些地区农村的二三层房屋，外纵墙在一二层上、下不连续，即二层外纵墙外挑，在Ⅶ度地震影响下二层墙体普遍严重开裂。

四、门、窗洞口布置

震害表明，墙段布置均匀对称时，各墙段分担的地震作用较均匀，墙体抗震能力能够充分发挥，房屋的震害相对较轻，而当各墙段宽度不均匀时，局部尺寸过小的门窗间墙在水平地震作用下会因局部失效导致房屋整体破坏，有时宽度较大的墙段承担较多的地震作用，破坏反而比宽度小的墙段严重。前后纵墙开洞不一致还会造成地震作用下的房屋平面扭转，加重震害。在门、窗开洞处，墙体由于开洞引起局部受力集中，地震时墙体破坏较严重。

在建造房屋时要注意墙段布置的均匀对称，同一片墙上窗洞大小应尽可能一致，窗间墙宽度尽可能相等或相近，并均匀布置。

门、窗洞口的布置应符合下述条件：

(1) 门、窗洞口不宜过大，窗间墙不宜过窄，同一轴线上的窗间墙宜均匀。在抗震墙层高的 1/2 处，门、窗洞口所占的水平截面面积，对承重横墙不应当大于总截面面积的 25%，对承重纵墙不应当大于总截面面积的 50%。

(2) 横墙和内纵墙上的洞口宽度不宜大于 1.5m；外纵墙上的洞口宽度不宜大于 1.8m 或开间尺寸的一半。

(3) 门、窗洞口处不应当采用无筋砖过梁。当洞口宽度不大于1.0m 时过梁可采用木过梁或钢筋砖过梁，洞口宽度大于 1.0m 时除木结构外其余均应当设钢筋混凝土过梁。门、窗洞口过梁的支承长度，抗震设防烈度6～8 度时不应当小于0.24m，9 度时不应当小于0.36m。

(4) 墙体门、窗洞口的侧面应当分别预埋木砖，门洞每侧宜埋置3 块，窗洞每侧宜埋置两块，门、窗套应当采用圆钉与预埋木砖钉牢。

五、墙体局部尺寸

在地震作用下，房屋的端部开间，端墙，转角处，门、窗洞的边角，窗间墙等部位受力集中且复杂，是容易遭受地震破坏的部位。局部尺寸过小的墙体安全储备偏低，在地震作用下很容易破坏，导致房屋因局部失效而整体破坏，因此需要对墙体的局部尺寸进行限制。

砖混结构砖墙的局部尺寸（图2.2.9）不得小于表2.2.6中的限值。

表2.2.6 砖混结构房屋墙体的局部尺寸限值（m）

墙体部位	抗震设防烈度		
	6~7度	8度	9度
承重窗间墙最小宽度	1.0	1.2	1.5
承重外墙尽端至门窗洞边的最小距离	1.0	1.2	1.5
非承重外墙尽端至门窗洞边的最小距离	1.0	1.0	1.0
内墙阳角至门窗洞边的最小距离	1.0	1.5	2.0

注：内墙指除房屋四周外墙之外的墙体，阳角是指向外凸出的墙角。

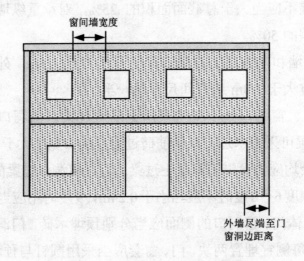

图2.2.9 砖墙局部尺寸要限制

房屋的局部尺寸应当符合表2.2.7~2.2.9的规定。

表2.2.7 砖木结构房屋局部尺寸限值（m）

部位	抗震设防烈度	
	6~7度	8度
承重窗间墙最小宽度	1.0	1.2
承重外墙尽端至门窗洞边的最小距离	1.0	1.2
非承重外墙尽端至门窗洞边的最小距离	1.0	1.0
内墙阳角至门窗洞边的最小距离	1.0	1.5

表2.2.8 砌块砌体房屋局部尺寸限值（m）

部位	抗震设防烈度	
	6~7度	8度
承重窗间墙最小宽度	0.8	1.0
承重墙尽端至门窗洞边的最小距离	0.8	1.0
非承重墙尽端至门窗洞边的最小距离	0.8	0.8
内墙阳角至门窗洞边的最小距离	0.8	1.2

表2.2.9 石结构房屋局部尺寸限值（m）

部位	抗震设防烈度	
	6~7度	8度
承重窗间墙最小宽度	1.0	1.0
承重墙尽端至门窗洞边的最小距离	1.0	1.2
非承重墙尽端至门窗洞边的最小距离	1.0	1.0
内墙阳角至门窗洞边的最小距离	1.0	1.2

第三节 房屋的整体性和连接

　　震害表明，整体性较好的房屋抗震能力较强，因此，加强房屋的整体性可以有效提高房屋的抗震性能。加强房屋各构件之间的拉结是加强整体性的重要措施。

砌体结构的纵、横墙交接及墙体转角处应当加强连接，梁、屋架应当与墙、柱或圈梁等可靠连接。如果房屋各个构件之间缺少可靠的连结，整体性差，遭受地震震动时，各个构件不能相互保持同步，造成房屋的局部破坏或损毁倒塌。

一、墙体拉结

墙体之间缺少拉结，地震时会导致墙体交接部位开裂、自洞口角部开始延伸的窗间墙斜裂缝、外纵墙和山墙向外倾斜、山墙水平裂缝等震害，进而引起墙体倒塌。

墙体砌筑时要采取可靠拉结措施，如墙体交接部位一定要咬槎砌筑、纵横墙体间采取有效的拉结、设置圈梁和构造柱等构造措施，以保证墙体的整体性，提高房屋的抗震能力。

二、楼屋盖

楼屋盖起到把竖向墙柱连为整体、分布地震力的作用，对房屋的抗震性能影响很大。

楼屋盖的整体性越好对抗震越有利。建造房屋时，要采取可靠措施，保证楼屋盖之间以及楼屋盖与墙柱之间可靠连接。

最常见的屋盖有平屋盖、坡屋盖两种形式。屋盖坡度小于1：10的称为平屋盖，屋盖坡度大于1：10的称为坡屋盖。根据所用材料的不同，常用的楼屋盖可分为瓦木屋盖、空心预制板楼屋盖、现浇钢筋混凝土楼屋盖，其中抗震性能好的为现浇钢筋混凝土屋盖和瓦木屋盖。其中现浇钢筋混凝土屋盖多为平屋盖。

由于空心预制板楼屋盖整体性差，地震时常发生楼板脱离支承墙柱脱落的严重震害，建议在地震区不要采用。现浇钢筋混凝土楼屋盖的整体性好，推荐在地震区应用。

第四节　楼　梯

楼梯是房屋的竖向通道，农村住宅中常用楼梯为钢筋混凝土板式楼梯，由踏步板、平台、平台梁和栏杆组成（图 2.4.1）。踏步板是一块斜板，板的两端支承在平台梁上（最下端的梯段可支承在横梁上，也可单独做基础）。

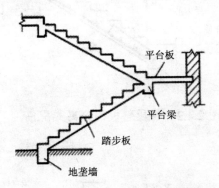

图 2.4.1　钢筋混凝土板式楼梯

楼梯间不宜设置在房屋的尽端和转角处。

一、构造要求

（一）梯段斜板

梯段板的厚度一般可取（1/25～1/35）l_0（l_0 为梯段板水平方向的跨度），常取 80～120mm。

钢筋纵向配置，搁于平台梁及楼面梁。梯段斜板配筋可采用分离式，见图 2.4.2。在垂直受力钢筋方向仍应构造配置分布钢筋 $\phi 6@250$，并要求每一个踏步下至少放置一根钢筋。

（二）平台板

平台板的一边与梁整体连接而另一边支承在墙的钢筋混凝土带

或配筋砖带圈梁上（图2.4.3a）；或者两边均与梁整体连接（图2.4.3b）。

在平台板与平台梁或过梁、圈梁相交处，应在板顶配置 $\phi 8@200$ 的直钩负筋，伸出支座边缘 $l_n/4$（图2.4.4）。

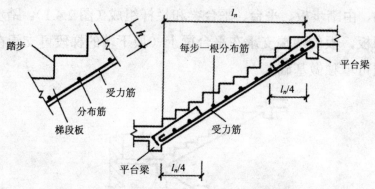

图 2.4.2　梯段斜板的分离式配筋

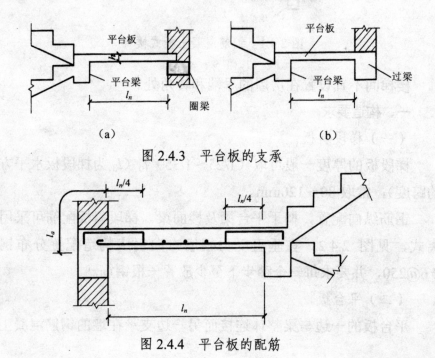

（a）　　　　　　　　　　　　　（b）

图 2.4.3　平台板的支承

图 2.4.4　平台板的配筋

（三）首层楼梯段的基础

楼梯首层第一个楼梯段不能直接搁置在地坪层上，需在其下面设置基础。

楼梯段的基础做法有两种：一种是在楼梯段下直接设砖、石、混凝土基础（图 2.4.5a）；另一种是在楼梯间墙上搁置钢筋混凝土地梁，将楼梯段支承在地梁上（图 2.4.5b）。

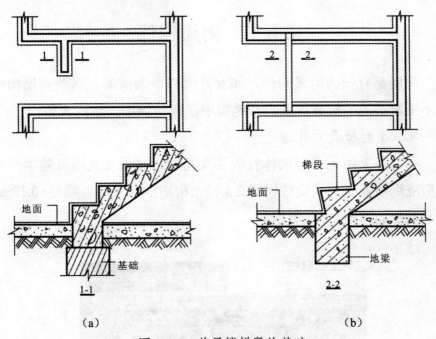

图 2.4.5　首层楼梯段的基础
（a）梯段下设基础；（b）楼段下设地梁

二、主要抗震措施

(1) 顶层楼梯间横墙和外墙应当沿墙高每隔 0.5m 设 $2\phi6$ 通长钢筋；7～9 度时其他各层楼梯间墙体应当在休息平台或楼层半高处设置 60mm 厚的钢筋混凝土带或配筋砖带，其砂浆强度等级不应当低

于 $M7.5$，纵向钢筋不应当少于 $2\phi10$。

(2) 不应当采用墙中悬挑式踏步楼梯或踏步竖肋插入墙体的楼梯。

(3) 楼梯间的梯段板、梯梁等构件宜采用现浇。

(4) 楼梯间及门厅内墙阳角处的大梁支承长度不应小于500mm，并应与圈梁连接。

第五节　附属构件

房屋都有一些附属构件，如女儿墙和小烟囱等。这些附属构件如不采取适当的抗震措施，在地震中很容易倒塌，造成人员伤亡。

（一）栏板及女儿墙

不应当采用无筋砖砌体栏板及女儿墙。屋顶女儿墙每隔半开间设后浇钢筋混凝土构造柱（图 2.5.1），构造柱尺寸为：墙厚×0.18m。女儿墙配筋如图 2.5.2 所示。

图 2.5.1　女儿墙构造柱

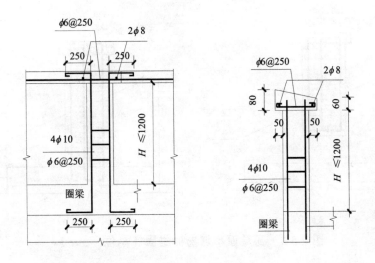

图 2.5.2 栏板及女儿墙拉结示意图（单位：mm）

（二）小烟囱

小烟囱不要设在屋檐部位，尽量远离门窗等出入口。

坡屋顶上的小烟囱砌体应当配置竖向钢筋。由于小烟囱砌体厚度一般只有120mm，若在砌体内配钢筋，一些砖块就会立砌，这样使得小烟囱的整体性不够好。建议在砌体的壁外设钢筋网、抹砂浆。另外，竖向钢筋也可延伸到坡屋面以下 1m 处截断（图 2.5.3a），或锚固在屋盖处的圈梁内（图 2.5.3b）。

平屋顶的出屋顶小烟囱，可设在屋顶中部，如图 2.5.4。由于靠近外墙边缘较远，小烟囱砌体可以不配置竖向钢筋，因为即使它倒塌也不会伤人或破坏东西，震后重砌也方便。

烟囱的烟道不能夹在承重墙体内，否则会减弱墙体的整体性和结构的抗震能力（2.5.5a），应附砌在外墙上，（图 2.5.5b、c），或在室内独立砌筑。烟囱应与墙体圈梁拉结。

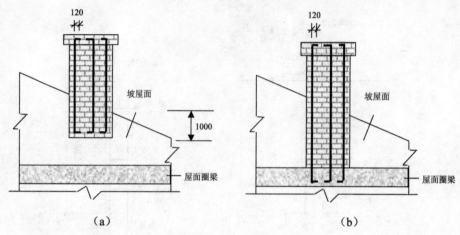

（a）　　　　　　　　　　　　　　（b）

图 2.5.3　瓦屋面小烟囱的锚固（单位：mm）

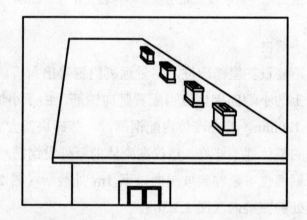

图 2.5.4　平屋顶小烟囱的设置

（三）雨篷

1. 雨篷的分类

按施工方法，雨篷分为现浇钢筋混凝土雨篷和预制雨篷；按支承条件分为板式雨篷和梁式雨篷。农村民居中现浇钢筋混凝土板式雨蓬应用较多。

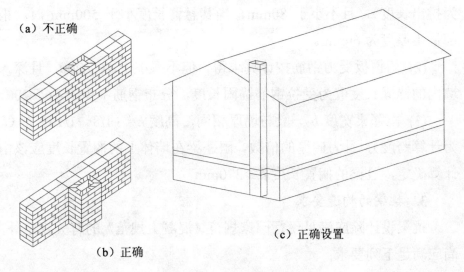

（a）不正确

（b）正确

（c）正确设置

图 2.5.5　烟道的设置

现浇钢筋混凝土板式雨篷由雨篷板和雨篷梁组成，如图 2.5.6 所示。

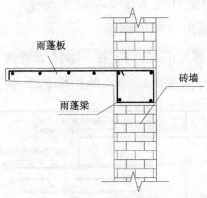

雨篷板

砖墙

雨篷梁

图 2.5.6　板式雨篷

2. 雨篷的构造特点

(1) 雨篷板端部厚 $h_e \geqslant 60\text{mm}$，根部厚度 $h = (1/10\sim1/12)\, l$（l

为挑出长度），且不小于 80mm，当其悬臂长度小于 500mm 时，根部最小厚度为 60mm。

(2) 雨篷板受力钢筋按计算求得，但不得小于 $\phi6@200$，且深入墙内的锚固长度取为受拉钢筋锚固长度，分布钢筋不少于 $\phi6@200$。

(3) 雨篷梁宽度 b 一般与墙厚相同，高度 $h=（1/8\sim1/10）l_0$（l_0 为计算跨度），且为砖厚的倍数，雨蓬梁在墙体上的搁置长度应该由计算确定，且梁的搁置长度 $a\geqslant370mm$。

3. 挑梁的构造要求

挑梁设计除应满足现行国家规范《混凝土规范》的有关规定外，尚应满足下列要求：

(1) 纵向受力钢筋至少应有 1/2 的钢筋面积伸入梁尾端，且不少于 $2\phi12$。其余钢筋伸入支座的长度不应小于 $2l_1/3$。

(2) 挑梁埋入砌体长度 l_1 与挑出长度 l 之比宜大于 1.2；当挑梁上无砌体时，l_1 与 l 之比宜大于 2。

(3) 挑梁下砖缝内应配加钢筋。

挑梁伸入墙体部分的埋入段梁下墙体灰缝内设置 3 道钢筋，每道为 $2\phi6$，钢筋应自挑梁内端伸入两边墙体不小于 1m，如图 2.5.7。

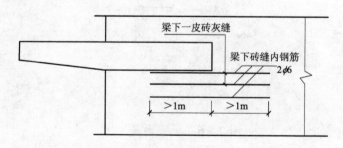

图 2.5.7　挑梁下砖缝内钢筋布置

第三章　地基与基础的抗震施工

　　建筑物的下部通常要埋入地下一定的深度，使之坐落在较好的地层上，建筑物的全部荷载由它下面的地层来承担，受建筑物影响的那一部分地层（土体或岩体）称为地基。直接与地基接触，并把上部结构的荷载传递到地基上的用建筑材料建造的那一部分地下结构称为基础。对于一般的房屋，如果土质较好，基础埋深通常不大（3～5m 以内），可用简单的方法进行基坑开挖或排水，这种基础称为浅基础。

　　建筑物的地基、基础和上部结构三部分，彼此联系，相互制约，共同工作。地基及基础的示意如图 3.0.1 所示。

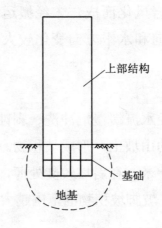

上部结构

基础

地基

图 3.0.1　地基及基础示意图

第一节 地基分类

一、土的特性

地球表面 30～80km 厚的范围是地壳。地壳表面广泛分布着的土体是由完整坚硬的岩石经过风化、剥蚀等外力作用而形成的大小悬殊的颗粒，再经水流、风力或重力作用、冰川作用等不同的搬运方式，在各种自然环境中生成的沉积物。经过漫长的地质年代，在各种内力和外力作用下形成了许多类型的岩石和土。岩石经历风化、剥蚀、搬运、沉积生成土，而土历经压密固结、胶结硬化也可再生成岩石。

按形成土体的地质营力和沉积条件，可将土体划分为若干成因类型：如残积土、坡积土、洪积土、湖积土和冲积土等。

（一）残积土体

残积土体是由基岩风化而成，未经搬运留于原地的土体。残积物的厚度在垂直方向和水平方向变化较大，这主要与残积环境有关。

（二）坡积土体

高处的风化岩石经水流缓慢地冲洗、剥蚀，沿着山坡逐渐向下移动，堆积在较平缓的山坡上，形成坡积物。坡积土体的厚度变化大，由几厘米至一二十米，在斜坡较陡处薄，在坡脚地段厚。一般当斜坡的坡角越陡时，坡脚坡积物的范围越大。

（三）洪积土体

洪水冲刷地表并搬运大量的泥沙、石块，堆积于山谷冲沟出口或山前平原形成的堆积物。多发育在干旱、半干旱地区。洪积土体距山口越近颗粒越粗，多为块石、碎石、砾石和粗砂，分选差，磨圆度低，强度高，压缩性小，但孔隙大、透水性强；距山口越远颗粒越细，分选好，磨圆度高，强度低，压缩性高。

（四）湖积土体

湖浪冲蚀湖岸而形成的碎屑物质在湖边和湖心沉积的湖泊沉积物。淡水湖积土分为湖岸土和湖心土两种。湖岸土多为砾石土、砂土或粉质砂土；湖心土主要为静水沉积物，成分复杂，以淤泥、黏性土为主，可见水平层理。

（五）冲积土体

河水冲刷两岸基岩及其上覆盖物后，经搬运沉积在河流坡降平缓地带，包括河漫滩或一级阶地、二级阶地等。冲积土体主要发育在河谷内以及山区外的冲积平原中。

河床地带的冲积土一般为砂土及砾石类土，在垂直剖面上由下到上，粒径由粗到细，成分较复杂，但磨圆度较好。山区河床冲积土厚度不大，一般为 10m 左右；而平原地区河床冲积土则厚度很大，一般超过几十米，其沉积物也较细。

河漫滩冲积土是由洪水期河水将细粒悬浮物质带到河漫滩上沉积而成的。一般为细砂土或黏土，覆盖于河床相冲积土之上。常为上下两层结构，下层为粗颗粒土，上层为泛滥的细颗粒土。

废河道形成的牛轭湖中沉积下来的冲积土由粉质黏土、粉质砂土、细砂土组成，较松软，没有层理。

河口冲积土由河流携带的悬浮物质，如粉砂、黏粒和胶体物质在河口沉积的淤泥质黏土、粉质黏土或淤泥组成，形成河口三角洲。往往作为港口建筑物的地基。

二、地基分类

依据土的颗粒组成和颗粒形状将地基土分为岩石、碎石土、砂土、粉土、黏性土。此外，还有软土、膨胀土、湿陷性土、红黏土、多年冻土、混合土、盐渍土、污染土和人工填土等特殊土。

（一）碎石土

碎石土为粒径大于 2mm 的颗粒含量超过全重 50%的土。碎石土可按表 3.1.1 分为漂石、块石、卵石、碎石、圆砾和角砾。其密实度见表 3.1.2，分为松散、稍密、中密和密实。

表 3.1.1　碎石土的分类

土的名称	颗粒形状	粒组含量
漂石 块石	圆形及亚圆形为主 棱角形为主	粒径大于 200mm 的颗粒含量超过全重 50%
卵石 碎石	圆形及亚圆形为主 棱角形为主	粒径大于 20mm 的颗粒含量超过全重 50%
圆砾 角砾	圆形及亚圆形为主 棱角形为主	粒径大于 2mm 的颗粒含量超过全重 50%

表 3.1.2　碎石土的密实度

重型圆锥动力触探锤击数 $N_{63.5}$	密实度	重型圆锥动力触探锤击数 $N_{63.5}$	密实度
$N_{63.5} \leqslant 5$	松散	$10 < N_{63.5} \leqslant 20$	中密
$5 < N_{63.5} \leqslant 10$	稍密	$N_{63.5} > 20$	密实

（二）砂土

砂土为粒径大于 2mm 的颗粒含量不超过全重 50%、粒径大于 0.075mm 的颗粒超过全重 50%的土。

表 3.1.3　砂土的分类

土的名称	粒组含量
砾砂	粒径大于 2mm 的颗粒含量占全重 25% ~ 50%
粗砂	粒径大于 0.5mm 的颗粒含量超过全重 50%
中砂	粒径大于 0.25mm 的颗粒含量超过全重 50%
细砂	粒径大于 0.075mm 的颗粒含量超过全重 85%
粉砂	粒径大于 0.075mm 的颗粒含量超过全重 50%

表 3.1.4　砂土的密实度

标准贯入试验锤击数 N	$N \leqslant 10$	$10 < N \leqslant 15$	$15 < N \leqslant 30$	$N > 30$
密实度	松散	稍密	中密	密实

（三）粉土

粉土为介于砂土与黏性土之间，塑性指数 $I_p \leqslant 10$ 且粒径大于 0.075mm 的颗粒含量不超过全重 50%的土。

（四）黏性土

黏性土为塑性指数 I_p 大于 10 的土，可按表 3.1.5 分为黏土、粉质黏土。黏性土的物理状态由液性指数 I_L 表征，见表 3.1.6。

表 3.1.5　黏性土的分类

塑性指数 I_p	土的名称
$I_p > 17$	黏土
$10 < I_p \leqslant 17$	粉质黏土

注：塑性指数由相应于 76g 圆锥体沉入土样中深度为 10mm 时测定的液限计算而得。

表 3.1.6　黏性土的状态

液性指数 I_L	状态	液性指数 I_L	状态
$I_L \leqslant 0$	坚硬	$0.75 < I_L \leqslant 1$	软塑
$0 < I_L \leqslant 0.25$	硬塑	$I_L > 1$	流塑
$0.25 < I_L \leqslant 0.75$	可塑		

注：当用静力触探探头阻力或标准贯入试验锤击数判定黏性土的状态时，可根据当地经验确定

（五）特殊土

人工填土根据其组成和成因，可分为素填土、压实填土、杂填土、冲填土。素填土由碎石土、砂土、粉土、粘性土等组成的填土。经过压实或夯实的素填土为压实填土。杂填土为含有建筑垃圾、工业废料、生活垃圾等杂物的填土。冲填土为由水力冲填泥砂形成的填土。

淤泥和淤泥质土是工程建设中经常遇到的软土，在静水或缓慢的流水环境中沉积，并经生物化学作用形成。天然含水量大于液限、天然孔隙比大于或等于 1.5 的黏性土，称为淤泥。天然含水量大于液限而天然孔隙比小于 1.5 但大于或等于 1.0 的黏性土或粉土称为淤泥质土。

土中黏粒主要由亲水性矿物组成，同时具有显著的吸水膨胀和失水收缩特性，其自由膨胀率大于或等于 40%的黏性土称为膨胀土。

湿陷性土是指在一定压力作用下，受水浸湿时，发生显著的附加下沉现象，其湿陷系数大于或等于 0.015 的土。它们一般具有以下特征：①在一定压力作用下受水浸湿后发生显著附加下沉的现象；②颗粒组成以粉土为主，常在 60%以上；③颜色多为黄色或褐黄色；④天然剖面形成垂直节理；⑤一般有肉眼可见的大孔隙。

三、地基承载力的确定

地基承载力是指地基承受荷载的能力，应根据试验确定，有条件时也可根据工程经验确定。

第二节　地基抗震处理措施

地基对于房屋的抗震性能影响很大。如果在未经处理的软弱地基上建房，震时就容易造成破坏。农村在建房时，对地基与基础一般都不够重视，特别是在雨水较多、土层分布极不均匀的地区，如不重视地基基础的处理，对抗震是不利的。

未经人工处理的地基，称为天然地基。如果地基软弱，其承载力及变形不能满足要求时，则要对其进行加固处理，这种处理后的地基称为人工地基。对历史震害资料的统计分析表明，一般土层地基在地震时很少发生问题。造成上部建筑物破坏的主要是松软土地基、液化地基和不均匀地基等，因此，地震区的民居建筑应根据土质的不同情况采用不同的处理措施。

建筑物的地基都应该做适当的处理，除非地基是完整的基岩。建筑物地基未经处理，或基础过于简单，地震建筑物很容易受到破坏。农村比较常用的地基处理方法有夯实法、换填垫层法和加密法等。夯实法是用夯锤对地基进行反复夯击，使其密实，此法适用于处理碎石土、砂土、低饱和度的粉土与黏土、湿陷性黄土、素填土和杂填土等地基。换填垫层法是将淤泥质土、松散粉细砂层挖去，用中粗砂、石块、素土等填上，并分层夯实。加密法包括振冲、振动加密、挤密碎石桩、强夯等，可参照国家有关设计规范、规程进行处理。

一、地基震害特点

（一）地基液化

当建筑物的地基为松散状态的砂土或粉土时，在地下水位埋藏较浅的情况下，受强烈地震作用，可能产生振动液化。地基液化时，地基土呈液态，失去承载能力，导致工程失事（图 3.2.1）。

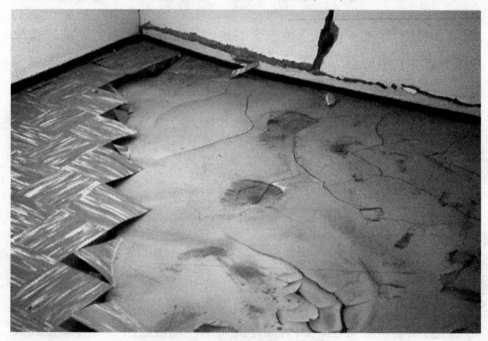

图 3.2.1　地震导致地基液化

（二）地基震沉

当建筑物的地基为淤泥、淤泥质土以及软塑状态、流塑状态的软弱土层时，由于这类土的压缩性高，在静荷载作用下，地基沉降量已很大。在强烈地震作用下，这类软弱土的强度降低，可能产生地基的冲切破坏，使基础底面下的软土侧向挤出，引起建筑物的大量震沉。建筑物下沉过大，轻者会造成室外水倒灌，重者建筑物无法使用。

（三）地基滑动

地基滑动有几种情况，一种是下雨、渗水后在坡地建筑物的下部开挖时引起的地基滑动；另一种是地基普遍软弱，建造时对地基承载力估值过高或使用时严重超载而引起的地基失稳，产生滑动事故。另外，当建筑物地基有一定坡度，尤其邻近河岸、海滨，具有较大的临空面时，在强烈地震作用下，地基土的强度降低，可能使建筑物地基向临空面滑动，造成建筑物倾倒或坠毁（图 3.2.2）。

图 3.2.2　地震导致地基滑动

二、软土地基

山东省沿海软土主要位于各河流的入海口处，如渤海、黄海等沿海岸地区，山区软土则分布于多雨地区的山间谷地、冲沟、河滩阶地和各种洼地里。在这些地区，就形成了软土地基。由于软土具有以下特点：天然含水量高、透水性低、压缩性高，这使得其抗剪强度很低，具有一定的流变性。在外荷载作用下，地基承载力低、地基变形大，不均匀变形也大，且变形稳定历时较长，在比较深厚的软土层上，建筑物基础的沉降往往持续数年乃至数十年之久。

软土地区的基础应符合表 3.2.1 的要求，并采取必要的上部结构与基础构造措施，如加大基础圈梁的规格以增强基础刚度。如果不符合上述要求时，宜采取换填垫层法和加密法等进行地基处理。主要介绍换填垫层法。

表 3.2.1　不考虑软土震陷影响的条件

烈　　度	7	8	9
基础底面以下非软土层厚度/m	$\geqslant 0.5b$ 且 $\geqslant 3$	$\geqslant b$ 且 $\geqslant 5$	$\geqslant 1.5b$ 且 $\geqslant 8$

注：b 为基础底面宽度（m）

换填垫层法是当软弱土地基的承载力和变形满足不了建筑物的要求，而软弱土层的厚度又不很大时，将基础底面以下处理范围内的软弱土层的部分或全部挖去，然后分层换填强度较大的砂（碎石、素土、灰土、高炉干渣、粉煤灰）或其他性能稳定、无侵蚀性等材料，并压（夯、振）实至要求的密实度。按回填材料不同，垫层可分为：砂垫层、砂石垫层、碎石垫层、素土垫层、灰土垫层、二灰垫层、干渣垫层和粉煤灰垫层等。

1. 垫层厚度的确定

垫层的厚度应当至老土层，并不宜大于 3m。具体确定方法可参照附录二进行计算。

2. 垫层宽度的确定

垫层在基础底面以外的处理宽度：垫层底面每边应当超过垫层

厚度的 1/2 且不小于基础宽度的 1/3；垫层顶面宽度可从垫层底面两侧向上按基坑开挖期间保持边坡稳定的当地经验放坡确定，垫层顶面每边超出基础底边不宜小于 0.3m。整片垫层的宽度可根据施工的要求适当加宽。

3. 垫层施工方法

施工时可采用机械碾压法、重锤夯实法、平板振动法等。

机械碾压法是采用各种压实机械来压实地基土。此法常用于基坑底面积宽大、开挖土方量较大的工程。

重锤夯实法是用起重机将夯锤提升到某一高度，然后自由落锤，不断重复夯击以加固地基。重锤夯实法一般适用于地下水位距地表 0.8m 以上稍湿的黏性土、砂土、湿陷性黄土、杂填土和分层填土。

平板振动法是使用振动压实机来处理无黏性土或黏粒含量少、透水性较好的松散杂填土地基的一种方法。振动压实的效果与填土成分、振动时间等因素有关，一般振动时间越长，效果越好，但振动时间超过某一值后，振动引起的下沉基本稳定，再继续振动就不能起到进一步压实的作用。对主要由炉渣、碎砖、瓦块组成的建筑垃圾，振动时间约在 1min 以上；对含炉灰等细粒填土，振动时间约为 3～5min，有效振实深度为 1.2～1.5m。振实范围应从基础边缘放出 0.6m 左右，先振基槽两边，后振中间。

4. 垫层材料选择

(1) 砂石：宜选用碎石、卵石、角砾、圆砾、砾砂、粗砂、中砂或石屑（粒径小于 2mm 的部分不应超过总重的 45%），应级配良好，不含树皮、草皮、垃圾等杂质。当使用粉细砂或石粉时，应掺入不少于总重 30%的碎石或卵石。砂石的最大粒径不宜大于 50mm。

(2) 黏土（均质土，素土）：土料中有机质含量不得超过 5%，亦不得含有冻土或膨胀土。当含有碎石时，其粒径不宜大于 50mm。

(3) 灰土：体积比（灰：土）宜为 2∶8 或 3∶7。土料宜用粉质黏土，不宜使用块状黏土和砂质粉土，不得含有松软杂质，并应过筛，其颗粒不得大于 15mm。石灰宜用新鲜的消石灰，其颗粒不得大于 5mm。

(4) 粉煤灰：粉煤灰垫层上宜覆土 300～500mm。

(5) 矿渣：矿渣垫层材料可根据工程的具体条件选用分级干渣、混合干渣或原状干渣。小面积垫层一般用 8～40mm 与 40～60mm 的分级干渣，或 0～60mm 的混合干渣；大面积铺垫时，可采用混合干渣或原状干渣，原状干渣最大粒径不大于 200mm 或不大于碾压分层虚铺厚度的 2/3。

三、液化地基

液化地基是一种在震动下变得极软的地基，能产生极大的沉降与不均匀沉降。震害表明，以未经处理的液化层做持力层的基础，其沉降一般都大，最大下沉可达 3～4m。因此一般不宜用未经处理的液化土作为基础的持力层。

如果液化危害比较轻微，可不加固液化地基而采取防止不均匀沉降的构造措施，如选择合适的基础埋置深度，调整基础底面积以减少基础偏心，加设基础圈梁以增强基础的整体性，保持房屋的长高比小于 2.5，加强房屋圈梁的设置等。

在需要进行液化地基处理的场合，可用换填垫层法和加密法等方法进行液化层处理。换填垫层法是用非液化土替换全部液化土层，施工方法同软土地基所述。液化处理区的宽度应超出基础宽度，每边不小于基底下液化处理深度的 1/2 且不小于基础宽度的 1/5。对独立基础与条形基础，液化处理的深度不应小于基础宽度。

四、不均匀地基

不均匀地基是常见的不利地基类型，通常见到的有下列情况：古河道、沟坑边缘地带、半挖半填地基；半土半岩地基；厚度变化大的土层交界处；基岩坡度大或岩面双向倾斜；采空区；防空洞或地下通道上方；土中有大块孤石、石芽或局部软土等。

不均匀地基上可采取的措施有：

(1) 宜将基础坐落在性质相同的土上，为此基础埋深可以不同；采取必要的抗塌陷、土体失稳的措施；可采用沉降缝将建筑物分隔成独立单元，使每单元都有较大的整体性与刚度。

(2) 对于以硬质地基为主的场地，将少量的软地基土挖除后，用基础垫层材料、级配砂石、碎石、毛石混凝土等硬质材料分层压实，方可使用。

(3) 对于以软质地基土为主的场地，将表层局部硬质地基至少挖除 0.5m 厚，用砂垫层分层振实（用于有地下水）、素土垫层夯实（仅用于无地下水）、灰土垫层夯实（仅用于无地下水）等与原地基土相当的软质材料填实，其垫层厚度不小于 0.6m，方可使用。

五、山区地基

山区地基与平原地基相比，其工程地质条件较复杂，一方面有地基性质不均匀问题，另一方面又有场地稳定性问题。总之，山区地基具有以下特点。

1. 存在较多的不良物理地质现象

山区经常遇到的不良物理地质现象有滑坡、崩塌、断层、岩溶、土洞以及泥石流等。这些不良物理地质现象的存在，对建筑物构成直接的或潜在的威胁，给地基处理带来困难，处理不当就有可能带来严重损害。

2. 岩土性质比较复杂

山区除岩石外，还可遇见各种成因类型的土层，如山顶的残积层，山麓的坡积层，山谷沟口的洪积、冲积层，这些岩土的力学性质往往差别很大，软硬不均，分布厚度也不均匀，组成山区不均匀岩土地基。如有的土层夹杂有直径为数米至数十米的大块孤石，有的基岩（如石灰岩）表面起伏很大，有的冲沟中淤积有软弱土层形成一狭长软弱带等。这种土不经处理根本不能作为建筑地基。

3. 水文地质条件特殊

有的山区由于天然植被较差，雨水集中，在山麓地带汇水面积大，如风化物质丰富，就应注意暴雨挟带泥砂形成泥石流的防治问题。山区地下水常处于不稳定状态，受大气降水影响较大，施工时应考虑这一特点。在高山脚下，由于地下水补给来自山上，因而可能有较高水头，尤其在雨季里可能会破坏某些地下设施的地坪，所以应考虑防水问题。

4. 地形高差起伏较大

山区地形高差一般较大，往往沟谷纵横，陡坡很多。因而平整场地时，土石方工程量大，大挖大填必然给地基处理带来很多困难。

对建筑物有潜在威胁或直接危害的大滑坡、泥石流、崩塌以及岩溶、土洞强烈发育地段，不宜选作建设场地。在山区进行建设时，应当充分利用和保护天然排水系统和山地植被。当必须改变排水系统时，应当在易于导流或拦截的部位将水引出场外。在受山洪影响的地段，应当采取相应的排洪措施。

高差处理：同一结构单元基础底面不在同一标高时，应当按 1：2

的台阶逐步放坡，放坡做法和要求如图 3.2.3 所示。

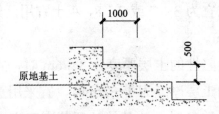

图 3.2.3 基础底面台阶逐步放坡（单位：mm）

六、湿陷性黄土地基

如果在施工时没有认真考虑到湿陷性黄土湿陷性这一特性，并采取相应的措施，则一旦浸水会产生湿陷，影响建筑物的正常使用和安全可靠，造成损失。因此，宜采取换填垫层法和强夯法等进行地基处理。

对于湿陷性黄土地基，应当根据黄土的湿陷性等级在基础底面以下做不同厚度和宽度的夯实灰土垫层，垫层厚度为 0.6～1.5m，散水宽度大于 1.5m，并做好地面明、暗沟的有组织排水，防止地面水渗入地基。具体要求如下：

(1) 在建筑物布置，场地排水，屋面排水，地面防水、散水，排水沟、管道铺设，管道材料选择和接口处理等方面，应当采取措施防止雨水或生产、生活用水的渗漏，最好对防护范围内的地下管道增设检漏管沟和检漏井。

(2) 整片垫层的平面处理范围，每边超出建筑物外墙基础外缘的宽度不应当小于垫层的厚度，并不应当小于 2m。

(3) 墙下条基垫层的处理方法：垫层外扩基础边缘宽度不应当小于垫层的厚度，并不应当小于 2m。

(4) 垫层施工，应当先将需处理的湿陷性黄土挖出，然后利用过筛后的灰土或其他黏性土分层夯实回填至设计标高。灰土垫层的灰与土的体积配合比宜为 3∶7 或 2∶8，灰土宜用新鲜的消石灰，颗粒粒径不得大于 5mm。

当要求消除湿陷性的土层厚度为 3～6m 时，宜采用强夯法；当要求消除湿陷性的土层厚度为 1～2m 时，宜采用重夯法。采用强夯法处理湿陷性黄土地基时，地基的处理范围应当大于基础的平面尺寸，每边超出基础外缘的宽度不宜小于 3m。

七、防地裂措施

当地震烈度为Ⅶ度以上时，在软弱场地土及中软弱场地土地区，地面裂隙比较多，特别是砖结构建筑物常因地裂通过而被撕裂。因此，对位于软弱场地土上的建筑物，当抗震设防烈度为 7 度以上时，应采取防地裂措施。例如，对于砖结构房屋，可在承重砖墙的基础内设置现浇钢筋混凝土地圈梁和楼层圈梁。位于中软场地土上的建筑物，当抗震设防烈度为 9 度时，亦应采取上述的防地裂措施。

第三节 基础抗震措施与施工

对于民居房屋，如果土质较好，大都采用浅基础。一般来讲，施工时应先挖基槽、夯实地基或视不同情况做三七灰土基础、砖基础、块石基础、钢筋混凝土基础，基础宽度与埋置深度应符合有关规范要求，基础与墙体连接处要设置刚性防潮层，砌筑基础的材料应有一定强度。对于不均匀地段，最好在基础顶部设置圈梁，以提高基础部分的整体性。

一、常见基础类型

（一）墙下基础

承重墙体的荷载要传递到地基上去，在墙下均需做基础，一般情况下基础的分布和墙体的分布相一致。因为墙基础是顺着墙做的，呈长条形，故称条形基础，又称带形基础。条形基础构造简单，性能好，取材容易，施工方便，造价低廉，在农村民居中可广泛采用。

墙下条形基础按使用的材料可分为：砖基础、石基础、三合土基础、灰土基础、混凝土和毛石混凝土基础，有条件的情况下可以采用钢筋混凝土基础，但造价较高。

（二）柱下基础

独立基础是柱子基础的主要类型，一般采用钢筋混凝土材料，当荷载较小时也可采用砖、石、混凝土等。现浇柱下钢筋混凝土基础的截面可做成阶梯形或锥形（图3.3.1）。

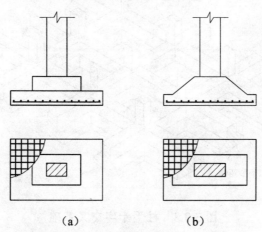

图 3.3.1　柱下钢筋混凝土独立基础

（a）阶梯形基础；（b）锥形基础

当地基软弱而荷载较大时，若采用柱下独立基础，底面积必然很大，因而互相接近。为增强基础的整体性并方便施工，可将同一排的柱基础连通做成钢筋混凝土条形基础，如图3.3.2所示。

如果荷载较大，土质较弱，为了增强基础的整体刚度，减少不均匀沉降，可在柱网下纵横两方向设置钢筋混凝土条形基础，形成如图 3.3.3 所示的十字交叉基础。

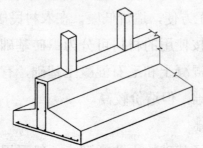

图 3.3.2　柱下钢筋混凝土条形基础

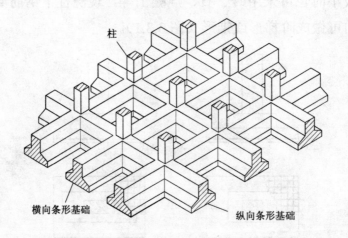

图 3.3.3　柱下十字交叉基础

二、基础材料要求

应当根据上部结构和当地情况选用基础材料，可采用砖、石、灰土、三合土、混凝土或钢筋混凝土；不宜选用土坯、素土等宜风化、软化、腐化的材料。

同一结构单元的基础，不宜设置在性质明显不同的地基土上，且不得坐落于耕土或杂填土上，也不宜采用不同类型的基础形式。

（一）砖基础

为保证基础材料有足够的强度和耐久性，根据地基的潮湿程度和地区的气候条件不同，砖、石、砂浆材料的最低强度等级应符合表3.3.1的要求。

表3.3.1　基础用砖、石料及砂浆最低强度等级

地基土的潮湿程度	黏土砖		石材	混合砂浆	水泥砂浆
	严寒地区	一般地区			
稍潮湿的	MU10	MU10	MU20	M5	M5
很潮湿的	MU15	MU10	MU20	—	M5
含水饱和的	MU20	MU15	MU30	—	M7.5

注：（1）石材的重度不应低于18kN/m³。

（2）地面以下或防潮层以下的砌体，不宜采用空心砖。当采用混凝土空心砖砌体时，其孔洞应采用强度等级不低于C15的混凝土灌实。

（3）各种硅酸盐材料及其他材料制作的块体，应根据相应材料标准的规定选择采用。

（二）石基础

料石（经过加工，形状规则的石块）、毛石和大漂石有相当高的强度和抗冻性，是建筑基础的良好材料。特别是在山区，石料可以就地取材，应该充分利用。做基础的石料要选用质地坚硬、不易风化的岩石。石块的厚度不宜小于15cm，一般每块重量在20～30kg以下。两层以下的民用建筑也可以用直径为15～30cm的卵石砌筑。毛石块表面应清洁无土，表面突出的尖角要用手锤略加修整。砌筑毛石的混合砂浆不低于M5，毛石不小于MU30。

（三）灰土和三合土

作为基础材料用的灰土，一般为三七灰土（灰土体积比3：7）。灰土所用的石灰必须在使用前加水焖成粉末，消化1～2天后，并过

5～10mm 筛子。土料宜用粉质黏土，不要太湿或太干。简易的判别方法是用手紧握成团，两指轻捏即碎。黏土应不含有机杂质，过筛粒径不大于 15mm。土料质量要求应符合以下最小干密度：粉土 1.55t/m³，粉质黏土 1.50 t/m³，黏土 1.45 t/m³。熟灰中不得夹有片灰块，拌合应均匀。

三合土采用石灰、砂和骨料，其体积比为 1∶2∶4～1∶3∶6。骨料采用碎砖时粒径为 30～50mm，不得有杂物。砂中不得含有机杂物。

（四）钢筋混凝土

混凝土：混凝土强度等级为 C20；垫层混凝土强度等级为 C10。混凝土配比正确，搅拌均匀，使用外加剂时掺量按有关标准执行。

钢筋：HPB235 钢筋（φ）、HRB335 钢筋（Φ），保护层厚度为 35mm。

三、基础的埋置深度

基础的埋置深度是指从室外设计地坪至基础底面的垂直距离，应当综合考虑各种条件确定，除岩石地基外，基础埋置深度不宜小于 0.5m，不应当小于当地的冻土深度，基础宜埋置在地下水位以上。

四、抗震措施与施工

（一）垫层

为了使基础承受的荷载能比较均匀地传给地基，常在基础底部用不同材料做垫层。根据地区的不同习惯做法，有灰土垫层、碎砖（碎石或卵石）三合土垫层、砂垫层、砂石垫层及低标号混凝土垫层等。

为防基槽被雨水浸泡降低地基承载力，一般挖土时可预留一层土不挖，待做垫层前突击挖除。若基槽底部被雨水浸泡，必须将浸软的土挖除，夯填其他材料。

1. 灰土垫层

灰土是用熟石灰粉与黏土按 3∶7 或 2∶8 的配合比拌和均匀，夯实而成。石灰粒径不大于 5mm。土料可用基槽挖出的土，不能用耕植土或冻土。

拌和时，先按比例把石灰与土料拌和均匀，适量加水，拌到颜色一致，以手紧握成团，指捻即碎为宜。如果过湿，可以晾干；过干，可以洒水湿润。铺灰土前，先拍底夯 1～2 遍，保证基底坚实。

灰土要分层夯实，虚铺厚度要根据不同施工方法而定，用小木夯时为 150～250mm，用石夯或木人夯时为 200～300mm，用轻型打夯机时为 200～300mm。打夯一般不少于 4 遍，灰土压实系数为 0.93～0.95。

灰土分段施工时，其接缝不能留在墙角、柱墩及承重窗间墙下，上、下两层灰土接缝应错开，间距不小于 500mm，接缝处要充分夯实。

灰土垫层施工完成后，应及时砌筑基础及回填土，防止日晒雨淋。刚夯完或未夯的灰土如遭雨淋浸泡，应将积水及松软灰土除去，补填夯实。稍受浸湿的灰土，可晾干后再补夯。

2. 碎砖三合土垫层

碎砖三合土垫层，是用石灰、砂（砂泥）及碎砖按 1∶2∶4 或 1∶3∶6 的比例混合均匀后，夯实而成。

施工时，将碎砖、石灰及砂加水拌和均匀铲入基槽中，分层夯实。先铺 220mm 厚，打夯至少三遍，夯成 150mm，再铺第二层。

夯打时如三合土太干，应补浇灰浆，随浇随夯。

碎砖三合土垫层完成后，最好曝晒一天，等灰浆略干再在上面薄铺一层砂或煤灰，并夯实整平，以便弹线工作的进行。

3. 砂垫层及砂石垫层

砂石垫层所用材料，宜采用颗粒级配良好、质地坚硬的中砂、粗砂、砾石、卵石及碎石，也可用细砂，但要掺入一定数量的卵石或碎石，砂石中不得含有草根、垃圾等杂质，石子粒径不宜大于50mm。

砂垫层和砂石垫层施工，要分层铺设、分层捣实，可用平板式振动器在垫层表面往复振动，每层铺 200～250mm。也可用夯实法，铺设厚度每层 150～200mm，用木夯或轻型打夯机夯实。

砂石垫层和砂垫层宜铺在同一标高上，如深度不同时，应挖成踏步或斜坡搭接，搭接处要注意捣实。施工时应先深后浅。分段施工时，每层接头要错开 0.5～1m，并应充分夯实。

4. 混凝土垫层

混凝土垫层厚度不应小于 6cm，其强度不宜低于 C10。

材料要求：水泥宜用 325 号硅酸盐水泥、普通硅酸盐水泥和矿渣硅酸盐水泥。砂宜用中砂或粗砂，含泥量不大于 5%。石子宜用卵石或碎石，粒径 0.5～3.2cm，含泥量不大于 2%。

基底表面清理：基底表面的淤泥、杂物均应清理干净；并应有防水和排水的措施。如果是干燥非黏性土应用水润湿，表面不得留有积水。

拌制混凝土：后台操作人员要认真按混凝土的配合比投料，每盘投料顺序为：石子→水泥→砂→水。应严格控制用水量，搅拌要均匀，时间一般不少于 1.5min。

浇筑混凝土：

(1) 浇筑混凝土一般从一端开始，或跳仓进行，并应连续浇筑。如连续进行面积较大时，应根据规范、规定留置施工缝。

(2) 混凝土浇筑后，应及时振捣，在两小时内必须振捣完毕。否则应按规范规定留置施工缝。

(3) 浇筑高度超过 2m 时，应使用串桶、溜管，以防止混凝土发生离析现象。

(4) 混凝土振捣：一般采用平板式振捣器，但垫层厚度超过 20cm 时，应采用插入式振捣器；其移动间距不大于作用半径的 1.5 倍。

(5) 找平：混凝土振捣密实后，按标杆检查一下上平，然后用大杠刮平、表面再用木抹子搓平。如垫层较薄时，应严格控制铺摊厚度。有泛水要求的地面，应按设计要求找出坡度，一般对设计坡度允许偏差不应大于 0.2%，最大偏差不应大于 30mm，最后应做泼水试验。

(6) 混凝土的养护：已浇筑完的混凝土，应在 12 小时左右覆盖和浇水，一般养护不得少于七昼夜。

(7) 冬雨期施工：凡遇冬雨期施工时，露天浇筑的混凝土垫层均应另行编制季节性施工方案，制定有效的技术措施，以确保混凝土的质量。环境温度不应低于 5℃，并应保持至强度不低于设计要求的 50%。

（二）砖基础

砖砌基础适合于地下水位较深的地区。砖基础的剖面为阶梯形，称为大放脚，每级高差分别为 60mm 和 120mm 交错的，叫间隔式砖基础；每级高差为 120mm 的，叫等高式砖基础。每一阶梯挑出的长度为砖长的 1/4（即 60mm）。砖基础应符合图 3.3.4 的要求，基础的宽度和高度根据房屋的层数和地基承载力情况调整。

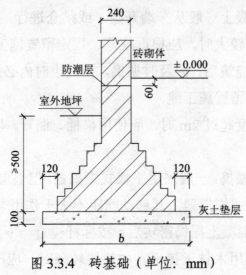

图 3.3.4　砖基础（单位：mm）

　　为了得到一个平整的基槽底，便于砌砖，在槽底可先浇注 100～200mm 的素混凝土垫层，对于低层房屋也可在槽底打两步（300mm）三七灰土，代替混凝土垫层。砖基础砌在垫层上，最上部一般是防潮层。防潮层用"一毡二油"或抹防水砂浆 8～10mm 厚，以防止地下潮气沿砌体上升，造成室内墙面返潮。

　　砌基础时，先将某一级的转角砌好，然后依此为准双面挂线。上皮与下皮采用顺砖和丁砖交替。

　　施工时每皮砖都应由熟练的工人干摆砖样，调整灰缝后再行砌筑。因砖基础面积较大，故可用铁锹平铺砂浆后，依次用挤浆法砌筑，效率较高。

　　（三）石基础

　　石基础适用于石材丰富的地区，适合建造浅基础的低层房屋，可做成墙下条形基础或柱下独立基础，断面形状有矩形、阶梯形和梯形等。其优点是能就地取材，价格低，缺点是施工劳动强度大。另外，毛石基础基底一般不设混凝土垫层，这是由于在搬运毛石过程中，极易破坏垫层的缘故。石砌基础应当符合图 3.3.5 所示要求。

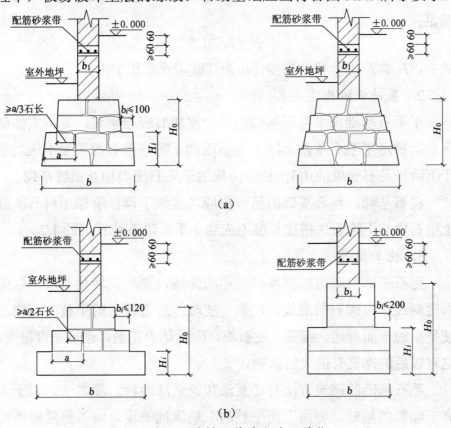

图 3.4.5　平毛石、毛料石基础砌法（单位：mm）

（a）平毛石基础；（b）毛料石基础

1. 基础放脚及刚性角要求

（1）平毛石、毛料石基础：平毛石、毛料石基础的高度应当符合下式要求：

$$H_0 \geqslant 1.5（b-b_1）$$

式中，H_0 为基础的高度；b 为基础底面的宽度；b_1 为墙体的厚度。

(2) 阶梯形石基础：阶梯形石基每阶放出宽度不宜大于 0.2m，毛料石基础可采用一阶一皮，每皮放出宽度不宜大于 0.12m，且应当满足：

$$H_i / b_i \geqslant 1.5$$

式中，H_i 为基础阶梯的高度；b_i 为基础阶梯收进宽度。

2. 基础放脚构造要求

平毛石基础：平毛石基础的第一皮块石应当坐浆，并将大面朝下；阶梯形平毛石基础上阶平毛石压砌下阶平毛石的长度不应当小于下阶平毛石长度的 1/3；相邻阶梯的平毛石应当相互错缝搭砌。

料石基础：料石基础的第一皮应当坐浆丁砌；阶梯形料石基础上阶石块与下阶石块搭接长度不应当小于下阶石块长度的 1/2。

3. 施工要求

毛石基础的砌筑根据基础表面的弹线，先砌筑墙角石块，以此固定麻线作为砌石的准线。砌第一皮时，应选较大的平整的石块，使平整的一面着地。砌第一皮石块，位置是否正确，砌筑是否稳固，这对以后的砌筑有很大的影响。

毛石基础的砌筑方法有灌浆法和铺浆法两种。灌浆法适用于大卵石砌筑的基础，将面大而平整的石块满铺一皮，卵石每层铺砌高度为 15～20cm。铺石要紧贴沟坑模板或密实土壤沟壁，铺好的石层用大锤敲实，大石块空隙间填塞碎石，然后全层用细砂浆灌饱满。不许先填小石块后灌砂浆，以免产生干缝和空隙。铺浆法是将砂浆按水平分层铺平在毛石层面上，每层高度不超过 30cm。毛石砌体的灰缝厚度宜为 20～30mm，砂浆应饱满，石块要大致砍修方正，接缝错开，空隙应先填塞砂浆后用碎石块嵌实，不得干填碎块。第一层及转角处、交接处和洞口处应选用较大平底毛石砌筑。

毛石基础应分层铺砌，每层高度一般不应超过 30cm，基础加宽部分呈台阶形，上级阶梯的石块应至少压砌下级阶梯的 1/2，每级台阶至少应砌两层毛石，砌筑石块之间上下皮应错缝搭接。每砌筑一皮后，其表面必须大致平整，不可有尖角、驼背、放置不稳等现象。为使第二皮容易放稳，并有足够的接触面，上下皮之间一般要求搭接不小于 80mm，以增强砌体强度。墙基如需留槎时，不得留在外墙转角、长墙与腰墙的结合处，要求至少应伸出外墙转角、长墙与腰墙接点的 1～1.5m 处，并留踏步接头。当基础砌至最上一层时，外皮石块要求伸入墙内长度不小于墙厚的一半，以免因连接不好而影响砌体质量。

料石基础砌筑形式有丁顺叠砌和丁顺组砌两种。"丁"和"顺"含有方向的概念，"丁"为砌筑块体长度方向与砌筑基础或墙体厚度同向，"顺"为砌筑块体长度方向与砌筑基础或墙体长度同向。丁顺叠砌是一皮顺石与一皮丁石相隔砌成，上下皮竖缝相互错开 1/2 石宽，如图 3.3.6a；丁顺组砌是同皮内 1～3 块顺石与一块丁石相隔砌成，如图 3.3.6b。

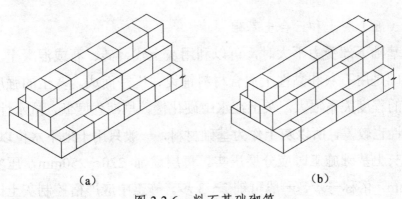

（a）　　　　　　　　　　　　（b）

图 3.3.6　料石基础砌筑

（a）丁顺叠砌；（b）丁顺组砌

（四）混凝土和毛石混凝土基础

混凝土和毛石混凝土基础的强度、耐久性与抗冻性都优于砖石基础，因此，当荷载较大或位于地下水位以下时，可考虑选用混凝土基础，如图 3.3.7。混凝土基础水泥用量大，造价稍高，当基础体积较大时，可设计成毛石混凝土基础。毛石混凝土基础是在浇灌混凝土过程中，掺入少于基础体积 30%的毛石，以节约水泥用量。由于其施工质量控制较困难，使用并不广泛。

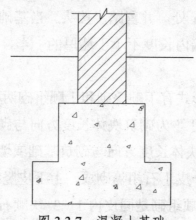

图 3.3.7　混凝土基础

（五）灰土和三合土基础

基础下部受力不大时，可以利用灰土代替砖、石或混凝土。灰土基础是用石灰和黏性土混合材料铺设、压密而成。灰土的强度与夯实的程度关系很大。灰土在水中硬化慢，早期强度低，抗水性差，抗冻性也较差，所以灰土作为基础材料，一般只用于地下水位以上。

灰土基础施工时应分层压实。每层虚铺 220～250mm，压实至150mm，俗称一步，一般可铺 2～3 步。施工中应严格控制灰土比例和拌和均匀的问题，每层压实结束后，按规定取灰土样，测定其干密度。压实后的灰土最小干密度：粉土 $1.55t/m^3$，粉质黏土 $1.50t/m^3$，

黏土 $1.40t/m^3$。

三合土基础是用石灰、砂、碎砖或碎石三合一材料铺设、压密而成。其体积比一般按 $1:2:4\sim1:3:6$ 配制，经加入适量水拌和后，均匀铺入基槽，每层虚铺 200mm，再压实至 150mm。

灰土（三合土）基础应当符合图 3.3.8 的要求。

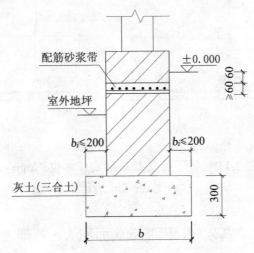

图 3.4.8　灰土基础（单位：mm）

（六）钢筋混凝土基础

钢筋混凝土基础强度大，具有良好的抗弯性能，在相同条件下，基础较薄。如建筑物的荷载较大或土质较软弱时，常采用这类基础。凡基础遇到有侵蚀性地下水时，对混凝土的成分要严加选择，否则，就可能影响基础的耐久性（如可采用矿渣水泥或火山灰水泥拌制混凝土）。最常用的钢筋混凝土基础包括柱下独立基础、墙下条形基础和柱下条形基础。

钢筋混凝土柱下独立基础一般做成锥形或台阶形，如图 3.3.9 所示。锥形基础的边缘高度通常不小于 200mm，锥台坡度 $i\leqslant1:3$。

台阶形基础每台阶高度为 300～500mm。当有垫层时，钢筋厚度不宜小于 35mm，没有垫层时不宜小于 70mm。底板受力钢筋应根据基础的受力情况按照《建筑地基基础设计规范》进行计算确定。

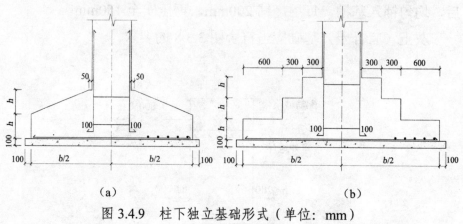

图 3.4.9　柱下独立基础形式（单位：mm）

（a）锥形；（b）台阶形

　　采用柱下独立基础时，因基础底面积大，基础之间的净距很小。为施工方便，把各基础之间的净距取消，连在一起，即成为柱下条形基础。对于不均匀沉降或振动敏感的地基，为加强结构整体性，有时也可将柱下独立基础连成条形基础。柱下钢筋混凝土条形基础一般采用倒 T 形截面，由肋梁（基础梁）和翼板组成，翼板厚度不应小于 200mm，基础梁的高度为柱距的 1/4～1/8。条形基础的端部宜向外伸出，伸出长度为第一跨距离的 0.25 倍。基础梁和翼板的配筋应根据计算确定。

　　对于墙下钢筋混凝土条形基础，当地基土质软弱，承载力小于 100kPa 时，一般采用无肋的板式基础。当墙下的地基土质不均匀或沿基础纵向荷载分布不均匀时，为了抵抗不均匀沉降，并加强条形基础的纵向抗弯能力，可做成有纵肋的板式条形基础，如图 3.3.10

所示。基础锥形边缘高度通常不小于 200mm，锥台坡度 $i \leqslant 1 : 3$。

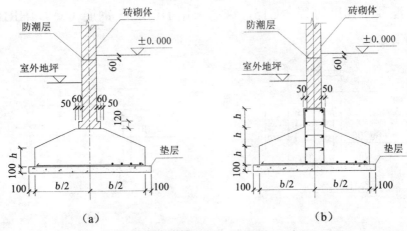

（a） （b）

图 3.4.10 墙下钢筋混凝土条形基础（单位：mm）
（a）无肋；（b）带纵肋

钢筋混凝土基础下应设垫层，厚度一般为 100mm，每边伸出基础 50～100mm，垫层混凝土强度等级应为 C10。当基础宽度大于或等于 2.5m 时，底板受力钢筋的长度可取基础宽度的 0.9 倍，并交错布置，横向为受力筋，纵向为分布筋。条形基础底板在 T 形及十字形交接处，底板横向受力钢筋仅沿一个主要受力方向通长布置，另一方向的横向受力钢筋可布置到主要受力方向底板宽度 1/4 处。在拐角处底板横向受力钢筋应沿两个方向布置。

五、防潮层

除石结构房屋外，其余房屋的墙体在室内地面以下应当设防潮层。基础的防潮层宜采用 1：2.5 的水泥砂浆内掺 5% 的防水剂铺设，其厚度应当大于 20mm；防潮层宜设置在室内地面以下 60mm 处。

六、基础圈梁

在基础顶面浇注钢筋混凝土圈梁，主要是增强房屋抵抗不均匀沉陷的能力，提高基础整体性。其具体做法见图 3.3.11。基础圈梁材料：混凝土强度等级≥C15，钢筋采用 HPB235 钢筋（ϕ），HRB335 钢筋（Φ）。

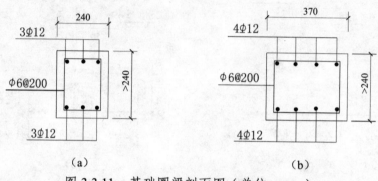

图 3.3.11　基础圈梁剖面图（单位：mm）

（a）240 墙；（b）　370 墙

七、基坑回填

墙基础砌到防潮层（或混凝土基础拆模）后，需进行检验，如没有问题，就要及时在基础和坑壁之间进行回填。回填质量的好坏，影响到基础的工作条件，一般不用淤泥、腐植土、冻土等作为填土；如土中夹有容易腐烂的草木之类的杂物，也应捡出。回填应在相对的两侧或四周同时对称进行，以免从一侧回填时单向挤动基础，造成轴线走动或损坏基础。回填时应用好土（如黏性土、砂土等）分层（不小于 30cm）回填夯实。当不能两侧同时回填时，应保证基础不致破坏或变形。在斜坡上填土时，应将斜坡做成阶梯形，阶高为 0.2～0.3m，阶宽约为 1m，以防填方滑动。

回填后立即做好地面排水，以免下雨积水或渗水，造成基础沉降。

第四章　砖砌体结构房屋抗震施工

　　砖结构房屋是以砖墙承担结构主要重量的建筑物。砖墙由砖和砂浆砌筑而成。

　　砖房屋从结构上又可以分为砖木结构和砖混结构，它们的主要区别在于屋盖，木屋盖为砖木结构，混凝土屋盖为砖混结构。砖结构房屋具有就地取材、造价低、使用寿命较长等优点，在我国农村和城市地区普遍使用。

　　本章主要介绍黏土砖房屋，这里简称砖房屋。应该提醒的是，生产黏土砖需要消耗大量耕地和能源，我国已经不提倡使用黏土砖，取而代之的是砌块（见第五章）。

　　本章介绍砖房屋的墙体、楼屋盖、楼梯和附属构件的震害与抗震措施。

第一节　震害现象及成因

　　砖砌体结构在地震中的表现差异性较大，但总体上有如下特点：①底框结构破坏、倒塌较多；②采用预制楼板的结构破坏较多；③在倒塌破坏房屋中，很多抗震构造不合理；④砖砌体材料中，砖强度不足、砂浆强度不足及灰缝不饱满。

一、砖房震害原因

（一）结构布局不合理

主要表现为：

(1) 由于房屋形体不规整，平面上凹凸曲折，立面上高低错落。

地震时各部分将产生较大的变形差异，容易产生扭转变形。

　(2) 结构竖向不均匀，房顶过重。有的楼房底层留作商铺用，只有细小的柱承重（图 4.1.1a），缺少必要的抗震强度，地震时容易遭受破坏。图 4.1.1b 所示砖房二层墙体未落地，上层重量大，破坏严重。

　(3) 房屋过高、层高过大。

（a）

（b）

图 4.1.1　结构竖向不均匀

(a)上层墙体、底层柱承重造成的结构不均匀（底层薄弱层）；

(b)墙体未落地造成的结构不均匀（底层薄弱层）

（二）墙体布局不合理

1. 门窗洞口不合理

门窗洞口不合理，门窗过多过大，窗间墙太窄，有的门窗开在承重墙上，削弱了墙体抗震能力。在某些地区，因过分追求采光效果，墙体上的门窗开洞大，窗间墙很窄，容易发生震害（图4.1.2）。

图 4.1.2 外纵墙破坏（窗间墙过小）

2. 承重横墙间距过大

有的房屋追求大开间，使承重横墙间距过大，削弱了砌体的抗震能力。地震时，纵墙容易沿窗口折断倾倒。

（三）墙体强度不足

因墙体强度不够而造成的破坏主要表现为水平裂缝。交叉裂缝和斜裂缝（或阶梯形斜裂缝）多出现在山墙、窗间墙、楼梯间的承重横墙上。承重山墙山尖较高，地震时会出现山尖倾斜或倒塌。

墙体强度不足主要由以下几个原因造成：

1. 砖的强度不足（图4.1.3）

图 4.1.3　横墙出现 X 形裂缝（砖强度不足）

2. 砂浆的强度不足

砂浆强度不够是造成房屋地震破坏的主要原因。农民常常用黏土掺砂搅拌成泥浆作胶粘剂（图 4.1.4），条件好的掺点石灰（图 4.1.5），一般不加水泥，此类砂浆的粘结力极差，干结后用手轻捏即呈粉状，强度很低，根本不能抗震。水泥标号低或使用过期水泥也会造成砂浆强度不足。

图 4.1.4　外纵墙倒塌（低强度泥土砂浆砌筑）（汶川地震）

图 4.1.5　外纵墙倒塌（低强度石灰砂浆砌筑）（汶川地震）

3. 灰缝砌筑不合格

砖墙砌体灰缝不均匀、饱满程度不够、灰缝厚度太大或灰缝厚度过薄、砌墙之前砖未浸水，这些都会降低灰浆与砖块之间的黏结强度（图 4.1.6）。

图 4.1.6　外纵墙竖向裂缝（灰缝不均匀、饱满程度不够）

4. 砖砌筑不合格

砌体墙不按要求砌筑，如砖块立放、皮（层）砖之间不错缝（图4.1.7），墙位不正或墙体歪斜，施工缝处理不当，砌包心柱等，这些都是错误的施工方法，会严重削弱砌体的强度。

图 4.1.7　窗间墙由两层墙体组成，缺少连接，地震中外侧墙皮被震落

5. 墙体采用"120墙"

墙体太薄，如采用单层砖顺砌（"120墙"），地震时容易倒塌（图4.1.8）。

图 4.1.8　外纵墙部分倒塌（"120砖"砌体）

（四）墙体缺少拉结措施

墙体缺少拉结钢筋、圈梁、构造柱，墙体交接部位没有咬槎砌筑等，都会导致墙体交接部位出现竖向裂缝（图4.1.9）、自洞口角部开始延伸的窗间墙斜裂缝（图4.1.12），外纵墙和山墙向外倾斜（图4.1.10）。山墙水平裂缝也很普遍（图4.1.11）。

图4.1.9　墙体交接部出现竖向裂缝（墙角无构造柱、墙体交接部位未咬槎砌筑）

图4.1.10　外纵墙向外倾斜（无圈梁）（汶川地震）

图 4.1.11　山墙水平裂缝（无檐口圈梁）

（五）门窗过梁搭接长度不够

过梁位于门窗和过道的上方，其本身的震害不多见，但是过梁两端头附近砖墙体的裂缝震害极为常见，特别是过梁在墙体上的搭接长度越短，裂缝则越明显，如图 4.1.12。门窗和过道附近墙体产生裂缝的主要原因是，墙洞口四角在地震时会产生受力集中，若过梁长度搭接不足，则难以制止裂缝的延伸。

图 4.1.12　门窗过梁过短引起的破坏

（六）预制空心板塌落或断裂

采用预制空心楼板屋盖的砖房，地震时预制板容易塌落或断裂。其主要原因是：预制楼板主筋不符合制作要求（图 4.1.13）；预制板在墙上的支承长度过小（图 4.1.14），预制板端头彼此间拉结措施不得力；预制板与墙体或圈梁连接不当（图 4.1.15）。

图 4.1.13　折断的预制楼板，板中的主要受力钢筋为非预应力钢筋

图 4.1.14　预制板掉落

图 4.1.15　预制楼板主筋未进行锚固

（七）木屋盖无锚固措施

木屋架房屋，由于屋架和墙体缺乏可靠的锚固，而且支承系统不完善，有些房屋的端开间靠山墙支承，直接用硬山搁檩，地震时导致山墙尖倒塌或端开间塌顶（图 4.1.16）。

图 4.1.16　屋盖与墙体无连接

（八）阳台和雨篷的悬挑长度过长

因阳台和雨篷的悬挑长度过长（大于1.7m），地震时容易倾覆，造成房屋局部倒塌（图4.1.17）。

图4.1.17 阳台因悬臂过长而倾覆

（九）砖柱抗震能力差

房屋结构中的砖柱是抗震的薄弱环节。由于砌筑砂浆强度低，甚至留有通天缝，木梁直接埋入砖柱内，破坏了砖柱的整体性。地震时砖柱普遍崩裂，造成房屋倒塌（图4.1.18）。

图 4.1.18　支承门廊的黏土砖柱全部断裂

二、砖房屋抗震基本原则

基于以上震害分析，建造砖房屋应当遵循以下原则：

(1) 房屋外形规则，高宽比要适当。

(2) 房屋开间不宜过大，多设横墙。

(4) 墙体开洞率不宜过大。

(5) 要保证砖和砂浆的强度。

(6) 砌筑墙体要规范。

(7) 墙体要有拉结。墙体连接处加拉结钢筋，宜增设钢筋混凝土构造柱和圈梁，以提高房屋的耐震能力。

(8) 禁止使用预制楼板，应采用现浇钢筋混凝土楼板。

(9) 要保证墙体的厚度不小于 240mm。

(10) 加强木屋盖与墙体的连接。

(11) 禁止使用砖柱承重。

第二节　砖　砌　体

一、砖砌体选材要求

砖和砂浆，尤其是砂浆是砖房屋安全的重要保证，千万不可忽视。

（一）砖

砖的强度等级用 MU 表示，后面的数字表示抗压强度的大小，单位为 N/mm²。常用的抗震性能好的砖有烧结普通黏土砖、烧结多孔砖（图 4.2.1）。其强度等级不应当低于 MU10。若采用蒸压灰砂砖和蒸压粉煤灰砖，其强度等级不应当低于 MU15。**购买时应索取砖的强度检验报告。**

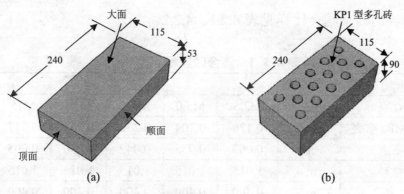

图 4.2.1　抗震性能好的砖（单位：mm）
(a) 烧结普通黏土砖；(b) 烧结多孔砖

在冻胀环境下，地面以下或防潮层以下的砌体不宜采用多孔砖。

（二）砂浆

砂浆的强度等级用 M 表示，后面的数字表示抗压强度的大小，单位为 N/mm²。砌砖用的砂浆有水泥石灰砂浆和水泥砂浆两种，其强度等级不应当低于 M5。

水泥砂浆是由水泥、砂子和水搅拌而成。M5 水泥砂浆的重量配合比为水泥：中砂：水=1：5.58：1.15。

水泥砂浆强度高、耐久性好，但水泥用量大；和易性差（即流动性小，砂浆偏干，不便于施工操作；灰缝不易填充，饱满度、密实度差）；保水性差（砂浆在短时间内水份泌出流失的多）。水泥砂浆适用于对防水有较高要求的砌体（如埋在土中的砌体、砖基础）。

水泥石灰砂浆又称混合砂浆，是在水泥砂浆中掺入了适量石灰膏所形成的砂浆。一般用于地面以上的砌体。混合砂浆由于加入了石灰膏，改善了砂浆的和易性，操作起来比较方便，有利于砌体密实度和工效的提高，还节约了水泥，降低了成本。M5 水泥石灰砂浆的重量配合比为水泥：石灰：中砂：水=1：0.56：6.84：8.95。其他强度等级的砂浆配合比详见表 4.2.1、4.2.2。

表 4.2.1　混合砂浆配合比

项目		混合砂浆				
材料	单位	M2.5	M5.0	M7.5	M10	M15
32.5MPa 水泥	t	0.176	0.204	0.232	0.261	0.317
石灰	t	0.067	0.055	0.042	0.030	0.005
中砂	m^3	1.015	1.015	1.015	1.015	1.015
水	m^3	0.400	0.400	0.400	0.400	0.400

表 4.2.2　水泥砂浆配合比

项目		水泥砂浆				
材料	单位	M5.0	M7.5	M10	M15	M20
32.5MPa 水泥	t	0.216	0.246	0.271	0.330	0.390
中砂	m^3	1.015	1.015	1.015	1.015	1.015
水	m^3	0.290	0.290	0.290	0.290	0.290

在选购水泥时一定要注意是否为大厂生产的425#硅酸盐水泥。水泥强度过高，水泥用量少，但会影响砂浆的和易性。砌砖用砂浆宜用中砂，砂的含泥量不应超过5%，否则应该用水清洗。拌制砂浆应使用饮用水，未经试验鉴定的非洁净水、生活污水、工业废水均不能拌制砂浆及养护砂浆。也不能采用海水。

配制水泥石灰砂浆时，不得采用脱水硬化的石灰膏。

消石灰粉不得直接使用于砌筑砂浆中。

二、砖砌体的抗震措施

提高砖结构墙体的抗震能力，可从改善墙体布局，限制砖墙局部尺寸，采取恰当的砌筑方法，合理配置拉结钢筋等方面入手。

（一）墙角交接处的加强方法

7～9度设防时，外墙转角处、纵横墙交接处、长度大于7.2m的大房间，从层高0.5m标高开始向上，应当沿墙高每隔0.5m设置2φ6拉结钢筋，拉结钢筋每边伸入墙内的长度不宜小于1m或伸至门、窗洞边（图4.2.2、图4.2.3）。

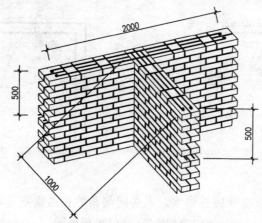

图4.2.2　纵、横墙交接处2φ6拉结钢筋（单位：mm）

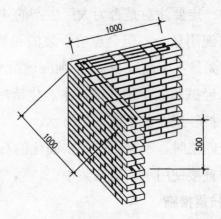

图 4.2.3　纵、横墙交接处外墙角 2φ6 拉结钢筋（单位：mm）

图 4.2.4 适用于外墙转角处拉结钢筋。图 4.2.5 适用于内、外墙交接处的拉结钢筋。图中黑粗线为钢筋；平行于拉结钢筋两侧的细线为墙体的边缘。

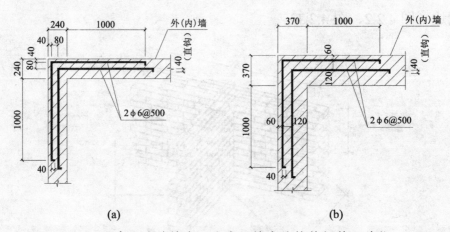

(a)　　　　　　　　　　　　　(b)

图 4.2.4　7~9 度设防外墙角、大房间墙角的拉结钢筋（单位：mm）

(a) 240 墙转角；(b) 370 墙转角

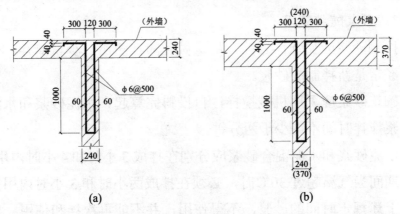

图 4.2.5　7～9度设防内、外墙交接处的拉结钢筋（单位：mm）

(a) 240mm 丁字墙；(b) 370mm 外墙

　　在突出屋顶的楼梯间的纵、横墙交接处，应当沿墙高每隔0.5m 设2φ6拉结钢筋，且每边伸入墙内的长度不宜小于 1m。

　　（二）后砌的非承重隔墙的拉接

　　后砌的非承重隔墙应沿墙高每隔0.5m 配置2φ6拉结钢筋与承重墙或柱拉结，每边伸入墙内不小于 0.5m。

　　在砌筑承重墙时预留甩出长度大于 5m 的后砌隔墙，墙顶应与木梁、或木檩条连接。

三、砖砌体的砌筑要求

　　1. 轴线标高要准确

　　砌体施工前应保证轴线标高准确，高差超过 20mm 时用细石混凝土找平。

　　2. 砖湿润上墙

　　严禁干砖上墙。砌筑前，砖应提前 1～2 天浇水润湿，并确保砌筑前表面风干；冬期施工时，对普通砖、多孔砖在气温高于 0℃条件下砌筑时，可不浇水，但必须增大砂浆稠度。

3. 砂浆随拌随用

拌制砂浆应加强计划性，尽量做到随拌随用，少量储存，使灰槽中经常是新拌制的砂浆。

砌筑砂浆应采用机械搅拌，自投料完算起，水泥砂浆和水泥混合砂浆搅拌时间不得少于两分钟。

水泥砂浆和水泥混合砂浆应分别在拌成 3 小时和 4 小时内用完；施工期间当气温超过 30℃时，必须在拌成两小时和 3 小时内用完。超过上述规定时间的砂浆，不得使用，并不能再次拌和使用；砌筑砂浆现场必须设有料斗，落地灰不得使用。

4. 灰缝横平竖直，错缝搭接，避免通缝

常用的错缝方法是将丁砖和顺砖上下皮交错砌筑。每排列一层砖称为一皮。常见的砖墙砌式有全顺式（120 墙），一顺一丁式、三顺一丁式或多顺一丁式、每皮丁顺相间式（也叫十字式）（240 墙）、两平一侧式（180 墙）等。砖墙的组砌方式如图 4.2.6 所示。

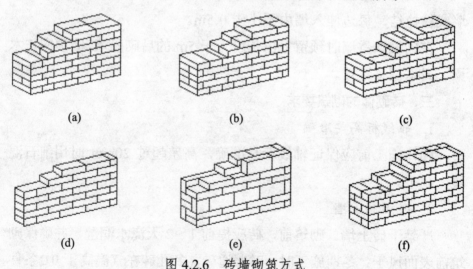

(a)　　　　　　　　　(b)　　　　　　　　　(c)

(d)　　　　　　　　　(e)　　　　　　　　　(f)

图 4.2.6　砖墙砌筑方式

（a）240 砖墙（一顺一丁式）；（b）240 砖墙（多顺一丁式）；（c）240 砖墙（十字式）；
（d）120 砖墙；（e）180 砖墙（两平一侧式）；（f）370 砖墙

窗洞口处窗台板下皮应为丁砌，并与窗侧面处不能砌成通缝。

240mm 厚承重墙的每层墙的最上一皮砖，砖砌体的台阶水平面上及挑出层，应整砖丁砌。

砖柱不得采用包心砌法，正确与不正确的做法见图 4.2.7、图 4.2.8。

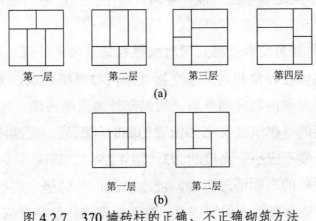

图 4.2.7 370 墙砖柱的正确、不正确砌筑方法
（a）正确的砌筑方法；（b）不正确的包心砌法

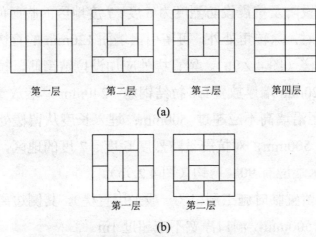

图 4.2.8 490 墙砖柱的正确、不正确砌筑方法
（a）正确的砌筑方法；（b）不正确的包心砌法

5. 铺浆长度要控制

当采用铺浆法砌筑时，铺浆长度不得超过 750mm；施工期间气温超过 30℃时，铺浆长度不得超过 500mm。

6. 灰缝砂浆饱满，深浅一致，厚薄均匀

水平灰缝的厚度宜为 10mm，但不应小于 8mm，也不应大于 12mm。水平灰缝砂浆应饱满，竖向灰缝不得出现透明缝、瞎缝和假缝。

7. 墙体转角处和交接处同时咬槎砌筑或砌成斜槎

砖砌墙体在转角和内外墙交接处应同时咬槎砌筑，无可靠措施情况下不得先砌内墙后砌外墙，或先砌外墙后砌内墙。

对不能同时砌筑而又必须留置的临时间断处，应砌成斜槎，斜槎的水平长度不应小于高度的 2/3（图 4.2.9a）。砖砌体接槎砌筑时，必须将接槎处的表面清理干净，浇水润湿，并铺垫一层砂浆后再砌筑。水平和竖向灰缝应保持平直；对于后砌砌体的留槎应注意保护，顶部斜砌与梁底板结合紧密。

非抗震设防及抗震设防烈度为 6 度、7 度地区的临时间断处，当不能留斜槎时，除转角处外，可留引出墙面 120mm 的直槎，但直槎必须做成凸槎（图 4.2.9b）。留直槎处应加设拉结钢筋，拉结钢筋的数量为每 120mm 墙厚放置1ϕ6 拉结钢筋（240mm 厚墙放置2ϕ6 拉结钢筋），间距沿墙高不应超过 500mm；埋入长度从留槎处算起每边均不应小于 500mm，对抗震设防烈度 6 度、7 度的地区，不应小于 1000mm；末端应有 90°弯钩（图 4.2.9b）。

在墙上留置临时施工洞口（一般采用直槎），其侧边离交接处墙面不应小于 500mm，洞口净宽不应超过 1m。

砖砌体施工临时间断处补砌时，必须将接槎处表面清理干净，浇水湿润，并填实砂浆，保持灰缝平直。

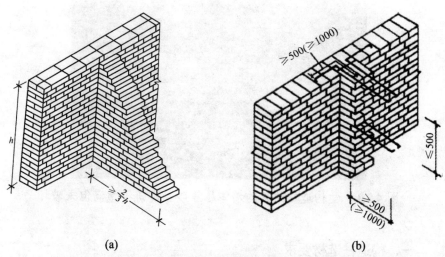

图 4.2.9 墙体转角处和交接处砌筑方法（单位：mm）
（a）斜槎砌筑；（b）直槎砌筑

8. 砌体的变形缝中不得夹有砂浆、碎砖或木头等杂物

第三节 构 造 柱

在纵、横墙相交处，砌墙时留出位置，然后用钢筋混凝土浇成的柱子，叫构造柱。构造柱的主要作用是在墙体开裂后能够约束墙体，防止其破碎倒塌。构造柱是房屋结构非常重要的抗震构造措施之一。

图 4.3.1 所示砖墙砂浆砌筑不饱满，但墙体在地震中未破坏，主要依靠构造柱的约束能力。

图 4.3.1　受构造柱约束的墙体尽管砂浆砌筑不饱满但未破坏

一、构造柱选材要求

构造柱是由钢筋和混凝土组成。钢筋可采用 I 级光圆钢筋。构造柱的混凝土强度等级不应当低于 C20，否则在地震作用下会发生破坏（图 4.3.2）。

图 4.3.2　构造柱破坏（混凝土强度低）

C20 混凝土的配制（见附表）：

水泥：用 425 号普通硅酸盐水泥。

砂：用粗砂或中砂，含泥量不大于 5%。

石子：粒径 0.5～3.2cm 卵石或碎石，含泥量不大于 2%。

水：用不含杂质的洁净水。

二、构造柱构造要求

（一）构造柱设置部位

构造柱一般应设在外墙四角，错层部位，横墙与外纵墙交接处，较大洞口两侧，大房间内、外墙交接处等（图 4.3.3~4.3.5）。具体设置部位见表 4.3.1。

突出屋面的楼梯间，构造柱应当伸到楼梯间顶部，并与顶部圈梁连接。

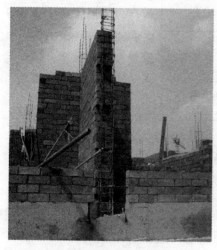

图 4.3.3　构造柱设在横墙与外纵墙交接处　　图 4.3.4　构造柱设在较大洞口两侧

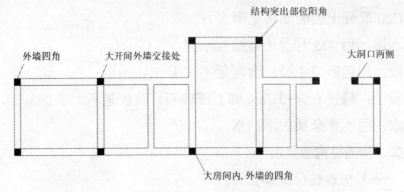

图 4.3.5　构造柱设置部位

表 4.3.1　构造柱设置部位

房屋层数			设置部位	
7 度	8 度	9 度		
二层	二层	一层	隔 15m 或单元横墙与外纵墙交接处	楼梯间四角，楼梯段上下端对应的墙体处；外墙四角和对应的转角；错层部位横墙与外纵墙交接处，大房间内、外墙交接处，较大洞口两侧
		二层	隔开间横墙（轴线）与外墙交接处，山墙与内纵墙交接处	

（二）构造柱截面尺寸和配筋

(1) 截面尺寸。

当设防烈度为 7 度和 8 度时，构造柱截面为 240mm×180mm；当设防烈度为 9 度时，构造柱截面为 240mm×240mm。

(2) 构造柱配筋。

构造柱配筋如图 4.3.6、4.3.7 所示。当设防烈度为 7 度和 8 度时，纵筋不应当小于 $4\phi12$，箍筋不应当小于 $\phi6@250$。构造柱上下两端各 500mm 范围内箍筋加密为 $\phi6@100$，如图 4.3.13。

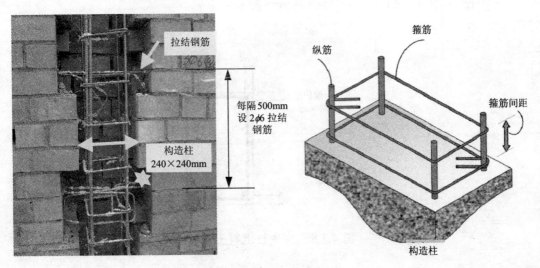

图 4.3.6　构造柱配筋

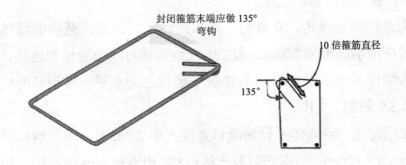

图 4.3.7　构造柱箍筋

当设防烈度为 9 度时，纵筋用 $4\phi14$，箍筋用 $\phi6$，间距不应大于 200mm；房屋四角的构造柱可适当加大截面及配筋。

箍筋应做成封闭式，且末端应做 135° 弯钩，弯钩末端平直段长度不应小于箍筋直径的 10 倍。

为了保护钢筋不致锈蚀，钢筋外表面应该有 30mm 的混凝土保护层（图 4.3.8）。

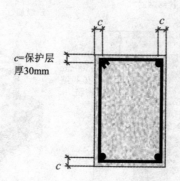

图 4.3.8　构造柱混凝土保护层

（三）构造柱与砖墙的拉结

(1) 水平拉结筋。

构造柱钢筋绑扎、立好后，然后放线砌筑构造柱两侧的墙体。砌筑时应沿墙高每隔 500mm 设 2ϕ6 拉结钢筋与墙构造柱相连接，每边伸入墙内不宜小于 1m。几种情况下墙柱之间水平拉结钢筋的配置见图 4.3.9 和图 4.3.10。

二层房屋，当墙体开设的洞口宽度大于 2.7m 时，应在洞口两侧设 240mm×120mm 的钢筋混凝土构造柱，构造柱与砖墙连接处应砌成马牙槎，并应沿墙高每隔 500mm 设 2ϕ6 拉结筋，且每边深入墙内不宜小于 1000mm（图 4.3.11）。

(2) 墙柱结合面。

构造柱与砖墙的结合面应砌成马牙槎，使其与砖墙紧密配合，以发挥构造柱对砖墙的约束作用，如图 4.3.11。

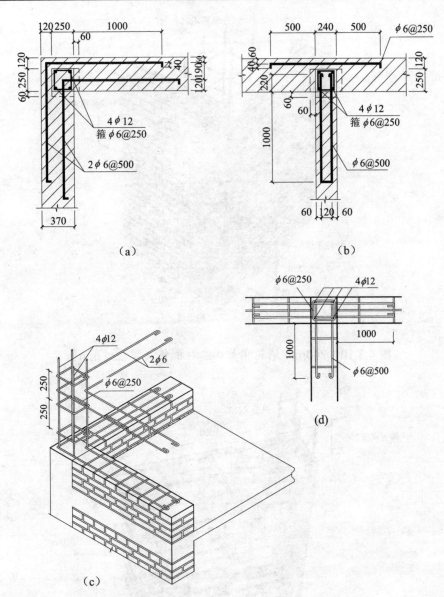

图 4.3.9　370mm 墙转角、370mm/240mm 墙交接处构造柱配筋（单位：mm）

(a) L 形墙角；(b) T 形墙角；(c) 外墙转角处；(d) 内、外墙交接处

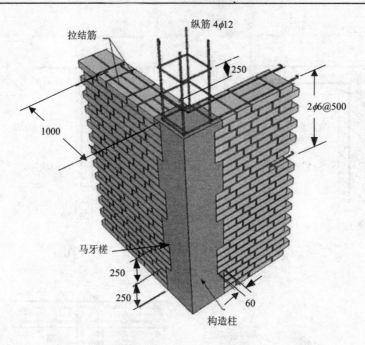

图 4.3.10　240mm 墙转角处构造柱配筋（单位：mm）

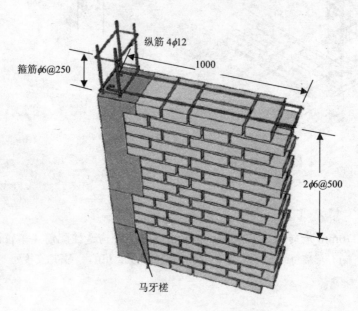

图 4.3.11　大洞口边构造柱配筋（单位：mm）

（四）构造柱底端的锚固

一般情况下，构造柱可不单独设置基础，但应伸入室外地面下 500mm（图 4.3.13），或直接将其底端纵筋锚固在室外地坪或室内地坪以下浅于 500mm 的基础内的圈梁中（图 4.3.12～4.3.15）。图 4.3.12 所示构造柱拔出破坏是由于钢筋根部锚固长度不足引起的。

图 4.3.12　构造柱在根部钢筋锚固长度不足被拔出

构造柱与圈梁连接处，构造柱的纵筋应穿过圈梁，保证构造柱纵筋上下贯通，如图 4.3.13。

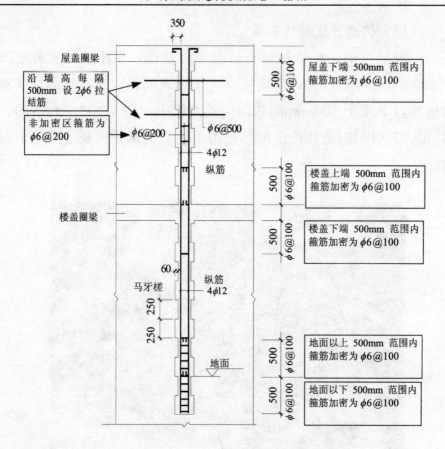

图 4.3.13　8 度设防构造柱上下端的锚固（无基础圈梁）（单位：mm）

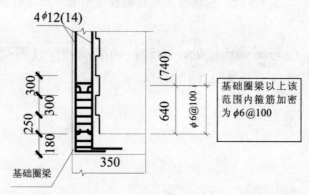

图 4.3.14　构造柱与基础连接图（边柱）（单位：mm）

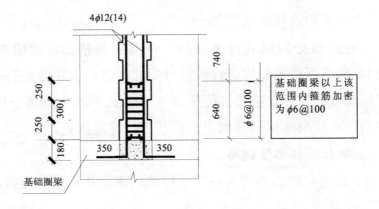

图 4.3.15　构造柱与基础连接图（中柱）（单位：mm）

三、构造柱的施工顺序

（一）立构造柱钢筋

1. 预制构造柱钢筋骨架

(1) 先将两根竖向受力钢筋平放在绑扎架上，并在钢筋上画出箍筋间距。

(2) 根据画线位置，将箍筋套在受力筋上逐个绑扎，要预留出搭接部位的长度。为防止骨架变形，宜采用反十字扣或缠扣绑扎。箍筋应与受力钢筋保持垂直。

构造柱钢筋的搭接长度：当混凝土为 C20 时，I 级钢筋搭接长度不少于 $47d$（d 为受力筋直径）。

(3) 穿另外两根受力钢筋，并与箍筋绑扎牢固。箍筋端头弯钩角度为 135°，其弯钩的弯曲直径应大于受力钢筋的直径，且不小于箍筋直径的 2.5 倍；箍筋平直段长度不应小于箍筋直径的 10 倍。

(4) 在柱顶、柱脚与圈梁钢筋交接的部位柱的箍筋加密；加密范围在圈梁上、下均为 500mm，箍筋间距为 100mm（柱脚加密区箍筋待柱骨架立起搭接后再绑扎）。

2. 安装构造柱钢筋骨架

先在搭接处的钢筋套上箍筋，注意箍筋搭扣应交错布置（图4.3.6）。然后再将预制构造柱钢筋骨架立起来，对正伸出的搭接筋，对好标高线，在竖筋搭接部位各绑 3 个扣，两端中间各一扣。骨架调整后，可按顺序从根部加密区箍筋开始往上绑扎。

3. 绑扎搭接部位钢筋

(1) 构造柱钢筋必须与各层纵横墙的圈梁钢筋绑扎连接，形成一个封闭框架。

(2) 在砌砖墙大马牙槎时，沿墙高每 500mm 埋设两根 $\phi 6.5$ 水平拉结筋，与构造柱钢筋绑扎连接。

(3) 砌完砖墙后，应对构造柱钢筋进行修整，以保证钢筋位置及间距准确。

（二）放线砌筑构造柱两侧的墙体

对于嵌在墙体中的钢筋混凝土构造柱，一般是先砌纵横墙，在墙体砌完后形成"柱腔"，即预留构造柱的位置。构造柱随着墙体和圈梁的分层砌筑和浇注，进行分柱段施工。为了保证构造柱的中心线在同一条垂直线上，必须使预留的"柱腔"位置准确，因而砌筑时要经常检查构造柱钢筋骨架的垂直度，钢筋骨架吊直校正后立即用墙体拉结筋固定其位置。

（三）安构造柱模板

(1) 砖混结构的构造柱模板可采用木模板。

(2) 用木模贴在外墙面上，并每隔 1m 设两根拉条，拉条与内墙拉结，拉条直径不应小于 16mm。拉条穿过砖墙的洞要预留，留洞位置要求距地面 300mm 开始，每隔 1m 以内留一道，洞的平面位置在构造柱大马牙槎以外一丁头砖处。

外砖内模结构（外侧用砌砖做为模板用，内侧支钢模板或支木模板）的组合柱，用角模与大模板连接，在外墙处为防止浇筑混凝土挤胀变形，应进行加固处理，模板贴在外墙面上，然后用拉条拉牢。

模板根部应留置清扫口。在浇筑混凝土前清扫柱模板内的砂浆、木屑、砖碴等杂物。新的混凝土柱段浇捣前，对衔接处的旧混凝土面需铲除松动石子，并用水冲洗。

（三）浇构造柱混凝土

常温时，混凝土浇筑前，砖墙、木模应提前适量浇水湿润，但不得有积水。混凝土浇筑、振捣。

(1) 构造柱根部施工缝处，在浇筑前宜先铺 50mm 厚与混凝土配合比相同的水泥砂浆或减石子混凝土。

(2) 浇筑混凝土构造柱时，先将振捣棒插入柱底根部，使其振动再灌入混凝土，应分层浇筑、振捣，每层厚度不超过 600mm，边下料边振捣，一般浇筑高度不宜大于 2m，如能确保浇筑密实，亦可每层一次浇筑。

(3) 振捣构造柱时，振捣棒尽量靠近内墙插入。

(4) 凝土浇筑完 12 小时以内，应对混凝土加以覆盖并浇水养护。常温时每日至少浇水两次，养护时间不得少于 1 天。

第四节　圈　梁

砌体结构房屋中，在砌体内沿水平方向设置封闭的钢筋混凝土梁称为圈梁。在房屋基础上部的连续的钢筋混凝土梁叫基础圈梁（也叫地固梁），而在墙体上部，紧挨楼（屋）面板的钢筋混凝土梁叫楼（屋）盖圈梁（图 4.4.1）。

图 4.4.1 楼盖圈梁

钢筋混凝土圈梁对房屋抗震有重要作用，它除了和钢筋混凝土构造柱对墙体及房屋产生约束作用外，还可以加强纵、横墙的连接，箍住楼、屋盖，增强其整体性，并可增强墙体的稳定性。另外，钢筋混凝土圈梁可抑制地基不均匀沉降造成的破坏。

一、圈梁选材要求

钢筋：Ⅰ级光圆钢筋（HPB235）、Ⅱ级（HRB335）或Ⅲ级（HRB400）钢筋。

圈梁的混凝土强度等级不应当低于 C20。混凝土配制方法同构造柱混凝土（第四章第三节）。

二、圈梁设置与构造要求

（一）设置要求

1. **钢筋砖圈梁**

钢筋砖圈梁是将圈梁钢筋设置在砖砌体灰缝内。配筋范围及上下各一皮灰缝厚度不宜小于 30mm。在抗震设防烈度 6～7 度时，砂浆强度等级不应当低于 M5.0，在抗震设防烈度 8～9 度时不应当低于 M7.5。

配筋砖圈梁的纵向钢筋配置不应当低于表 4.4.1 的要求。

表 4.4.1　配筋砖圈梁纵向配筋

墙体厚度/mm	抗震设防烈度		
	6～7 度	8 度	9 度
≤240	$2\phi6$	$2\phi6$	$2\phi6$
370	$2\phi6$	$2\phi6$	$3\phi8$
490	$2\phi6$	$3\phi6$	$3\phi8$

纵、横墙内的钢筋在交接处均应有足够的锚固长度。考虑到灰缝厚度只有 10mm，纵墙和横墙内的钢筋应错开一皮灰缝，以免两个方向的钢筋纵横交接处相互重叠，使灰缝突然增厚许多，难于施工。钢筋长度不足需要搭接时，搭接长度为 55 倍钢筋直径，而且接头要错开 720mm。

配筋砖圈梁遇洞口时钢筋做法见图 4.4.2。

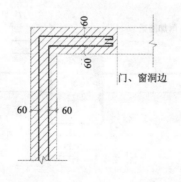

图 4.4.2　配筋砖圈梁在洞口边做法（单位：mm）

2. 钢筋混凝土圈梁

钢筋混凝土圈梁的宽度宜与墙厚相同，当墙厚 $h \geqslant 240\mathrm{mm}$ 时，其宽度不宜小于 $2h/3$。圈梁高度不应小于 $120\mathrm{mm}$。

3. 砌体结构应当设置钢筋混凝土圈梁或配筋砖圈梁的部位

(1) 所有纵、横墙基础顶部。

(2) 所有纵、横墙的楼屋盖处以及与构造柱对应部位。

内横墙上圈梁间距应当满足下列要求：

砖混结构房屋：6～7 度区屋盖处不应当大于 7m，在楼盖处不应当大于 15m；8～9 度区楼屋盖处且间距不应当大于 7m；9 度区在层高的中部增设一道。

砖木结构房屋：内横墙上屋盖处圈梁间距不应当大于 7m。

圈梁在以上要求的间距内无横墙时，应利用梁或板缝中配筋替代圈梁。

(3) 楼梯间的墙体在每层均应当设置圈梁。

圈梁宜连续地设在同一水平面上，并形成封闭状。圈梁遇洞口时应采用附加圈梁上下搭接（图 4.4.3）。

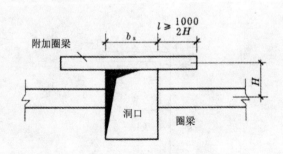

图 4.4.3　附加圈梁

钢筋混凝土圈梁遇洞口钢筋做法见图 4.4.4。

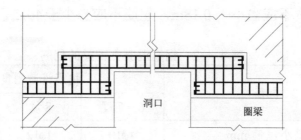

图 4.4.4　钢筋混凝土圈梁在洞口边做法

3. 钢筋混凝土圈梁与楼屋盖关系

现浇楼盖允许不加设圈梁，但应沿楼板周边设置加强钢筋，一般可以增设 $2\phi10$ 或 $2\phi12$ 的钢筋。圈梁应与楼板同时浇筑（图 4.4.5）。

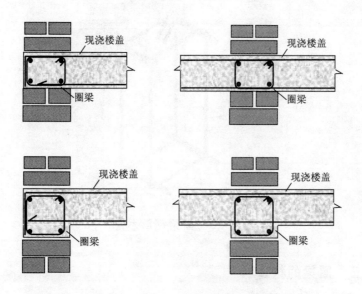

图 4.4.5　现浇楼盖与圈梁同时浇筑

（二）钢筋混凝土圈梁配筋

钢筋混凝土圈梁配筋截面尺寸应当符合表 4.4.2 的要求；基础圈

梁截面高度不应当小于 0.18m，配筋不应当少于 4ϕ12。

表 4.4.2　　钢筋混凝土圈梁的配筋

配筋	抗震设防烈度		
	6~7 度	8 度	9 度
最小纵筋/mm	4ϕ10	4ϕ12	4ϕ14
箍筋直径和最大间距间距/mm	ϕ@250	ϕ@200	ϕ6@150

图 4.4.6 为圈梁配筋示意图，箍筋的弯头为 135°。

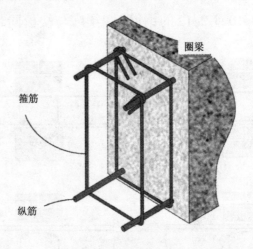

图 4.4.6　　圈梁钢筋示意

（三）圈梁的构造

1．无构造柱的墙角

在无构造柱内外墙交接处的墙角中，内墙圈梁深入内外墙交接处的锚固长度应该满足抗震要求。为了满足该要求，内墙上圈梁的纵向钢筋可以向外弯转，锚固在内外墙交接区域之外。外墙角处的圈梁节点，除了圈梁的纵筋伸入外墙交接处的锚固长度应该满足抗震要求外，还应在外墙交接区域配置斜向箍筋。

6~8度设防的圈梁构造如图4.4.7~4.4.8所示。

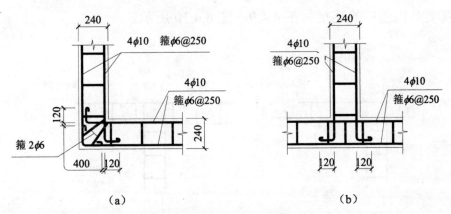

图 4.4.7　6、7度设防砖房圈梁构造（无构造柱）（单位：mm）

(a) 墙角；(b)丁字形墙

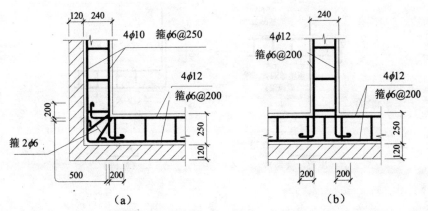

图 4.4.8　8度设防砖房圈梁构造（无构造柱）（单位：mm）

(a) 转角；(b) 丁字形墙

2. 圈梁与构造柱的联结

若在纵、横墙交接处有构造柱，为保证构造柱在各层楼盖处均有可靠的连接，当混凝土为 C20 时，I 级钢筋不少于 33d（d 为受力筋直径），见附录。在砌块墙楼房的外墙转角处及内、外墙交接处，圈梁对构造柱的连接如图 4.4.9、图 4.4.10 所示。

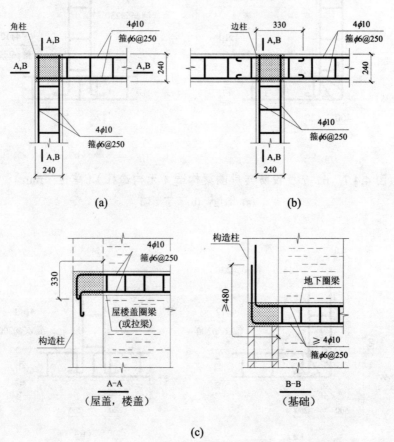

图 4.4.9　6、7 度设防圈梁与构造柱的连接（单位：mm）

（a）外墙转角处；（b）内、外墙交接处；（c）剖面

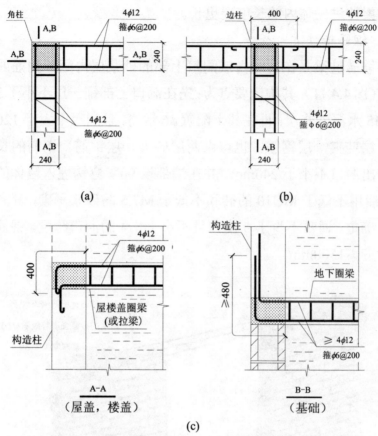

图 4.4.10　8 度设防圈梁与构造柱的连接（单位：mm）

（a）外墙转角处；（b）内、外墙交接处；（c）剖面

（四）过梁

宽度超过 300mm 的洞口上部，应设置过梁。门、窗洞口处过梁应采用钢筋砖过梁或钢筋混凝土过梁，不应采用无筋砖过梁。对有较大振动荷载或可能产生不均匀沉降的房屋，应采用钢筋混凝土过梁。

过梁应有足够的搭接长度。一般情况下，门、窗过梁在墙体一端的搭接长度 6～8 度时不小于 240mm，9 度时不小于 360mm，大跨度过梁伸进砌体内的长度要更长。

1. 钢筋砖过梁

钢筋砖过梁是在砖缝内或洞口上部的砂浆层内配置钢筋的平砌砖过梁（图4.4.11）。其构造要点为：先在洞口上部铺一层不小于30mm厚的M5水泥砂浆层；再在其上配置$\phi6$钢筋，且间距不大于120mm；可砌一层砖夹一层钢筋，也可砌两层砖夹一层钢筋。钢筋的长度每边需宽出洞口不小于240mm，并在端部设90°弯钩埋入墙体的竖缝内；然后用不低于MU10的砖和不低于M7.5的砂浆平砌，其高度应经计算确定，通常不少于5皮砖且不小于1/4的洞口跨度。钢筋砖过梁跨度应≤1500mm。

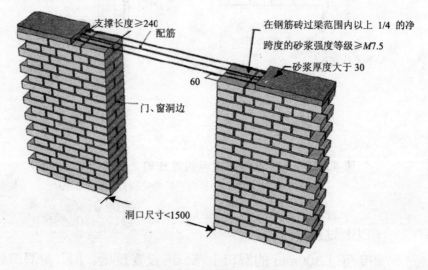

图 4.4.11　钢筋砖过梁做法（单位：mm）

钢筋砖过梁底面砂浆层中的纵向钢筋配筋量不应低于表4.7.3的要求，间距不宜大于120mm。

表 4.4.3 钢筋砖过梁底面砂浆层最小配筋

过梁上墙体高度 h_w/m	配筋/mm
$h_w \geq b/3$	$3\phi 6$
$0.3 < h_w < b/4$	$4\phi 6$

2. 钢筋混凝土过梁

当钢筋混凝土圈梁顶部距钢筋混凝土过梁底部距离小于 600mm 时，可将圈梁与过梁合为一体（图 4.4.12）。

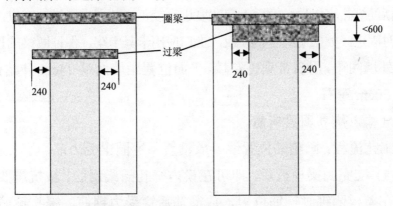

图 4.4.12 钢筋混凝土过梁与圈梁（单位：mm）

钢筋混凝土过梁配筋构造见图 4.4.13。

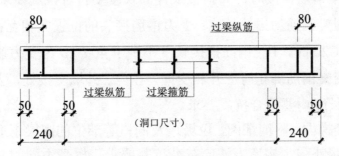

图 4.4.13 钢筋混凝土配筋构造（单位：mm）

三、圈梁施工要求

先砌筑砖墙，后浇筑构造柱，最后浇筑钢筋混凝土圈梁。

圈梁的做法步骤是：

（一）支圈梁模板

圈梁模板可采用木模板或定型组合钢模板上口弹线找平。

圈梁模板采用落地支承时，下面应垫方木，当用木方支承时，下面用木楔楔紧。用钢管支承时，高度应调整合适。

钢筋绑扎完以后，模板上口宽度进行校正，并用木撑进行定位，用铁钉临时固定。如采用组合钢模板，上口应用卡具卡牢，保证圈梁的尺寸。

外墙圈梁，用横带扁担穿墙，平面位置距墙两端 24cm 开始留洞，间距 50cm 左右。

（二）绑扎圈梁钢筋

工艺流程：画箍筋位置线→放箍筋→穿圈梁受力筋→绑扎箍筋。

(1) 支完圈梁模板后，即可在模内绑扎圈梁钢筋。按抗震要求间距，在模板侧绑画箍筋位置，放箍筋后穿受力钢筋，绑扎箍筋。注意箍筋必须垂直受力钢筋，箍筋搭接处应沿受力钢筋互相错开。

(2) 圈梁和构造柱钢筋交叉处，圈梁钢筋宜放在构造柱受力钢筋内侧，圈梁钢筋搭接时，其搭接或锚固长度要符合抗震要求。

(3) 圈梁钢筋的搭接长度：受力钢筋接头的位置应相互错开。当混凝土为 C20 时，I 级钢筋搭接长度不少于 $40d$（d 为受力筋直径）。

(4) 圈梁钢筋绑扎时应互相交圈，在内、外墙交接处，大角转角处的锚固长度均要符合抗震要求。

(5) 楼梯内、附墙烟囱、垃圾道及洞口等部位的圈梁钢筋被切断时，应搭接补强，构造方法应符合抗震要求。标高不同的高低圈梁钢筋应按设计要求搭接或连接。

(6) 圈梁钢筋绑完后应加水泥砂浆垫块。

（三）浇圈梁混凝土

方法同浇注构造柱混凝土。

第五节　钢筋混凝土楼、屋盖

最常见的屋盖有平屋盖、坡屋盖两种形式。屋盖坡度小于 1：10 的称为平屋盖，屋盖坡度大于 1：10 的称为坡屋盖。

屋盖的材料种类较多，抗震性能好的为现浇钢筋混凝土屋盖和瓦木屋盖。其中现浇钢筋混凝土屋盖多为平屋盖。

一、选材要求

钢筋：II 级（HRB335）或 III 级钢筋（HRB400）。

混凝土强度：等级不应当低于 C20。混凝土配制方法同构造柱混凝土（第四章第三节）。

二、设置要求

现浇钢筋混凝土楼板或屋面板均应当压满墙。现浇屋盖可以连同圈梁一起浇筑，但要注意，屋盖钢筋应当与构造柱的纵筋加以锚固。具体做法如图 4.5.1 所示。

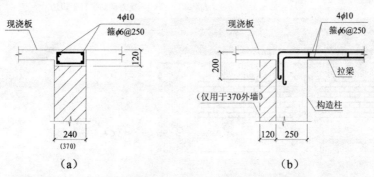

图 4.5.1　砖房屋现浇钢筋混凝土屋盖构造（单位：mm）

（a）构造柱拉梁；（b）屋盖与构造柱拉梁纵筋的锚固

若采用钢筋混凝土坡屋顶，不允许没有屋盖直接做坡屋顶。

三、楼、屋盖截面尺寸和配筋

（一）板厚

楼板厚度不宜小于 80mm，屋面板厚度不宜小于 120mm。

（二）配筋

1. 单向板和双向板

楼、屋盖分为单向板和双向板两类。若楼板仅有两对面墙体支承，为单向板（图 4.5.2a）。若楼板四面均有墙体支承，当长边（L_1）与短边（L_2）之比大于 2 时，为单向板（图 4.5.2c），否则，为双向板（图 4.5.3a）。

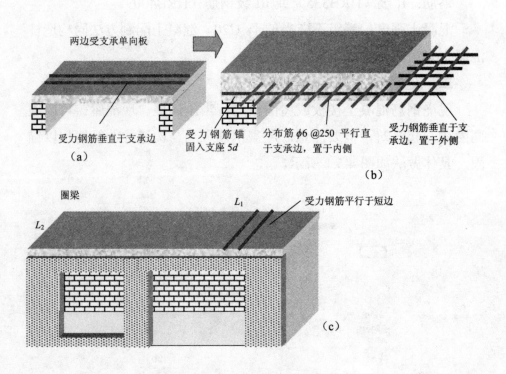

图 4.5.2　单向板（单位：mm）

仅两对边受支承的单向板的受力钢筋垂直于支承边，四边支承的单向板受力钢筋平行于短边方向（L_2）（图 4.5.2）。

单向板除了配置受力筋外，还应配置与受力筋相垂直的 $\phi6@250$ 的温度筋，防止混凝土收缩引起的破坏（图 4.5.2b）。

板底的钢筋锚固入墙体（圈梁），锚固长度不小于该钢筋直径的 5 倍（图 4.5.2b）。

2. 四边简支板和连续板

图 4.5.3（a）所示，板的四边支承在砖墙上，板中间没有其他支承（如梁或墙），称为四边简支板。

对四边简支双向板，板底两个方向均设受力钢筋。平行于长边的受力钢筋置于外侧，平行于短边的受力钢筋置于外侧（图 4.5.3b）。

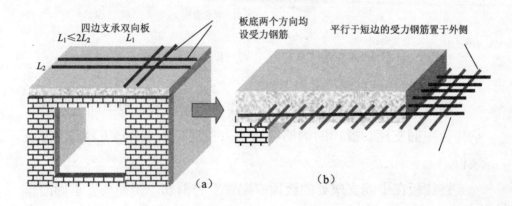

图 4.5.3 双向板（四边简支）

图 4.5.4 所示的支承楼屋盖的墙体间距很大（如超过 6m），需要在两道墙体中间再设一道钢筋混凝土梁，梁支承在墙间构造柱上（或直接支承在墙上），板和梁的混凝土同时浇筑，板顶的钢筋在梁顶贯通。板虽然被梁分为两块，但混凝土和钢筋均连续不断，称为连续

板。此时梁为板的中间支座。

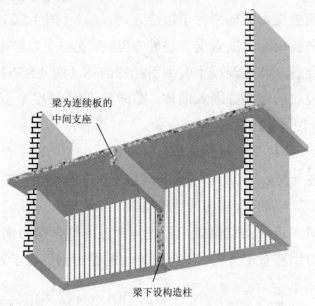

图 4.5.4　连续双向板中间支座为钢筋混凝土梁

　　图 4.5.5（a）所示的板在两个房间内连续浇筑，板中间有隔墙支承作为中间支座，板顶的钢筋在墙上方贯通（图 4.5.5（b）），也为连续板。

　　连续板在中间支座处的板顶应配置受力钢筋，钢筋与支承墙面垂直，两侧伸入板中的长度从墙边算起，每边不宜小于 $L_2/4$（L_2 为板的短边方向跨度）。板底的受力钢筋可直接在中间支座截断并锚固入墙体（圈梁），锚固长度不小于该受力钢筋直径的 5 倍（图 4.5.5（b））。

　　3. 与外墙垂直的板面构造钢筋

　　板沿外墙方向应配置与该外墙垂直的上部构造钢筋，间距不大于 200mm，直径不宜小于 8mm，伸入板中的长度从墙边算起，每边不宜小于 $L_2/4$，见图 4.5.5。

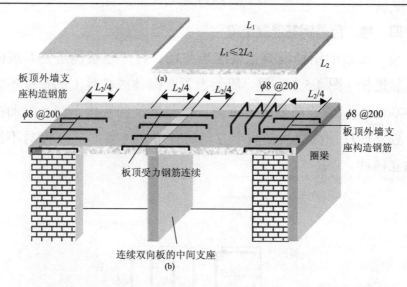

图 4.5.5　连续双向板中间支座配筋和外墙支座板顶构造筋（单位：mm）

4. 坡屋面屋盖配筋

坡屋面板应双层双向通长配筋,并适当加密钢筋间距（图 4.5.6）。

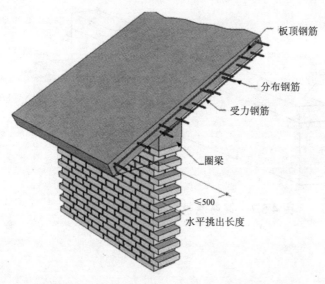

图 4.5.6　坡屋面屋盖（钢筋混凝土圈梁）增配钢筋做法（单位：mm）

四、楼、屋盖钢筋混凝土梁

楼、屋盖的钢筋混凝土梁应当与墙、柱（包括构造柱）或圈梁有可靠连接（图 4.5.7）。梁、屋架搁置在砌体或构件上的长度不宜小于 240mm。抗震设防烈度 6 度时，梁与砖柱的连接不应当削弱柱截面，独立砖柱顶部应当在两个方向均有可靠连接；7～9 度时不得采用独立砖柱。

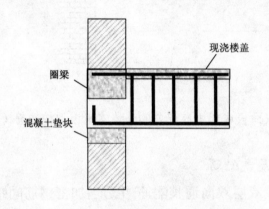

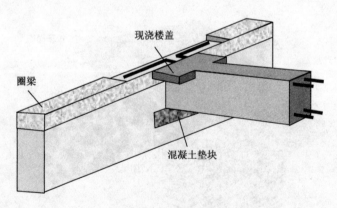

图 4.5.7   钢筋混凝土梁与墙体连接

第六节　木屋盖

一、坡面瓦木屋盖承重方式

砖木结构木屋盖的承重方式分为横墙承重、屋架承重两种方式。

1. 横墙承重

将横墙顶部砌成三角形,形成屋面坡度,直接把檩条搁置在横墙上,这种承重方式称为横墙承重。如图 4.6.1,适用于开间较小的建筑。

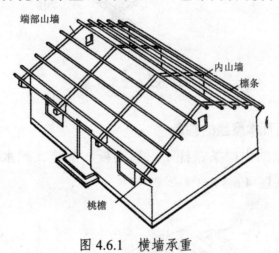

图 4.6.1　横墙承重

2. 屋架承重

在柱或墙上设屋架,再在屋架上放置檩条及椽子而形成的屋顶结构形式称为屋架承重(图 4.6.2)。屋架应根据屋顶坡度进行布置,在四坡顶屋顶及屋顶相互交接处需增加斜梁或半屋架等构件。为保证屋架承重结构坡屋顶的空间刚度和整体稳定性,屋架间需设水平和垂直支承。屋架承重结构适用于有较大空间的建筑中。

为了提高坡面瓦木屋盖的抗震能力,应当多设置横墙或控制木屋架的间距(即檩条的跨度),间距应在 4m 以内。

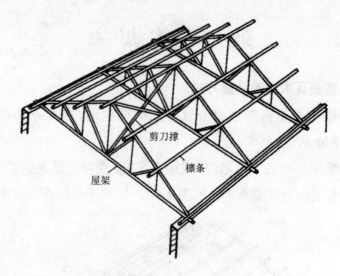

图 4.6.2　屋架承重

二、坡面瓦木屋盖的构造

檩式瓦屋面由檩条、椽子、屋面板、油毡、顺水条、挂瓦条及平瓦等组成（图 4.6.3）。

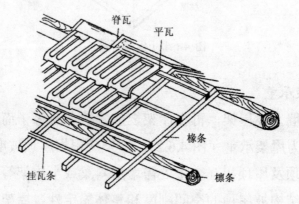

图 4.6.3　屋架承重

屋面板俗称"望板"，一般为 15～20 mm 厚木板，其主要作用是为屋顶防水层提供平整基层。

油毡：在屋顶板上干铺一层油毡作为辅助防水层。一般应平行于屋脊自屋檐向屋脊铺设，搭接长度不小于100mm，用顺水条固定于屋面板上。

顺水条：一般为截面为（20～30）mm×6mm 的木条，顺坡度方向钉在望板上，间距为 400～500mm，其主要作用是固定油毡，因其顺水流方向，故俗称"顺水压毡条"。顺水条的存在使屋面板和瓦之间形成了一个空气层，有利于保温隔热。

挂瓦条：是垂直钉在顺水条上的木条，常用截面为 20mm×30 mm，其间距为屋面平瓦的有效尺寸，一般为280～330mm，其作用是挂瓦，故得名"挂瓦条"。

平瓦：瓦是常用的坡屋顶防水材料，我国传统的平瓦为黏土平瓦，近几年由于环保意识的增强，水泥平瓦、陶瓦等替代产品相继出现。平瓦的一般尺寸为长380～420mm，宽190～240mm，厚50mm（净厚约20mm），平瓦上有挂钩，依靠四面相互搭接形成防水能力，屋脊处盖脊瓦。见图4.6.4。

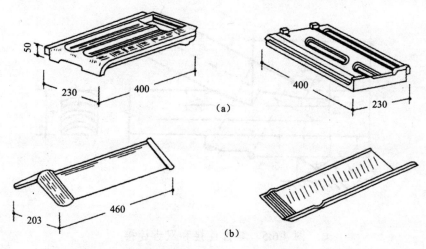

图 4.6.4　平瓦（a）和脊瓦（b）(单位：mm)

三、木结构连接

（一）齿连接

齿连接是将受压构件的端头做成齿榫，在另一构件上锯成齿槽，使齿榫直接抵承在齿槽内，通过抵承面的承压工作传力。因此，齿连接只能用来传递压力。

齿连接有单齿连接与双齿连接（图4.6.5），应符合下列规定：

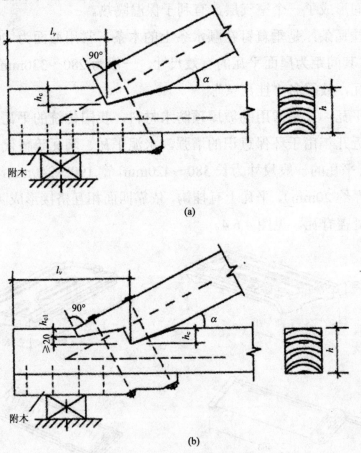

图 4.6.5　单齿连接和双齿连接

（a）单齿连接；（b）双齿连接

(1) 齿连接的承压面，应与所连接的压杆轴线垂直。

(2) 单齿连接应使压杆轴线通过承压面中心。

(3) 齿连接的齿深，对于方木不应小于 20mm；对于圆木不应小于 30mm。桁架支座节点齿深不应大于 $h/3$（h 为齿深方向的构件截面高度）；中间节点的齿深不应大于 $h/4$。双齿连接中，第二齿的齿深 h_{c2} 应比第一齿的齿深 h_{c1} 至少大 20mm。单齿和双齿第一齿的剪面长度 l_v 不应小于 4.5 倍齿深。

(4) 桁架支座节点采用齿连接时，必须设置保险螺栓。保险螺栓应与上弦轴线垂直。

(5) 齿连接受拉和受剪时，受剪面应该避开髓心（图 4.6.6）。

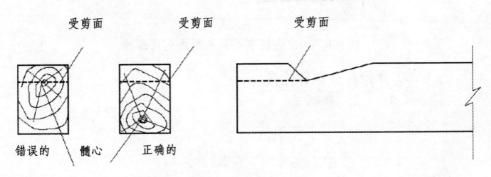

图 4.6.6　齿连接中木材的髓心位置

齿连接不应采用图 4.6.7 所示几种形式。

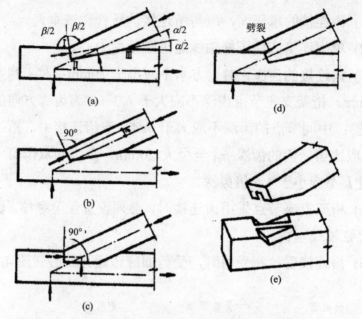

图 4.6.7　齿连接中不宜采用的构造形式

（二）螺栓连接和钉连接

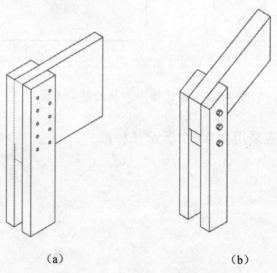

（a）　　　　　　　　　（b）

图 4.6.8　钉连接和螺栓连接

（a）钉连接；（b）螺栓连接

根据穿过被连接构件间剪面数目可分为单剪连接和双剪连接
（图 4.6.9）。

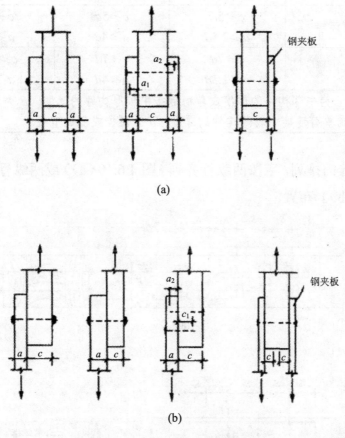

图 4.6.9　双剪连接和单剪连接

（a）双剪连接；（b）单剪连接

在螺栓连接和钉连接中，连接木构件的最小厚度应符合表 4.6.1
的要求。

表 4.6.1　　螺栓连接和钉连接中木构件的最小厚度

连接形式	螺栓连接		钉连接
	$d<18mm$	$d\geqslant18mm$	
双剪连接	$c\geqslant5d$	$c\geqslant5d$	$c\geqslant8d$
	$a\geqslant2.5d$	$a\geqslant4d$	$a\geqslant4d$
单剪连接	$c\geqslant7d$	$c\geqslant7d$	$c\geqslant10d$
	$a\geqslant2.5d$	$a\geqslant4d$	$a\geqslant4d$

　　注：c 为中部构件的厚度或单剪连接中较厚构件的厚度；a 为边部构件的厚度或单剪连接中较薄构件的厚度；d 为螺栓或钉的直径

　　螺栓的排列，应按两纵行齐列（图 4.6.10（a））或两纵行错列（图 4.6.10（b））布置。

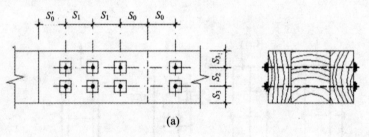

(a)

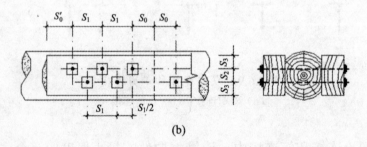

(b)

图 4.6.10　螺栓排列
（a）两纵行齐列；（b）两纵行错列

　　螺栓排列的间距应符合表 4.6.2 的要求。

表 4.6.2　螺栓排列的最小间距

排列形式	顺纹			横纹	
	端距		中距	边距	中距
	S_0	S_0'	S_1	S_3	S_2
两纵行齐列	7d		7d	3d	3.5d
两纵行错列			10d		2.5d

注：d 为螺栓直径

当采用钢夹板时，钢夹板上的端距取 $S_0 = 2d$，边距取 $S_3 = 1.5d$。

当构件成直角相交，而一构件的轴向力通过螺栓传给另一构件时，受力边的边距宜不小于 $4.5d$，非受力边的边距可减至 $2.5d$（图 4.6.11）。

在一个节点中，不得少于两颗钉。

当钉从连接的两面钉入时，钉入中间构件的深度应不大于该构件厚度的 2/3。

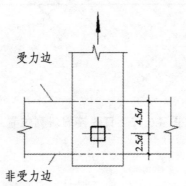

图 4.6.11　横、纹受力时螺栓排列

钉的排列，可采用齐列、错列或斜列（图 4.6.12）布置，其最小间距用应符合表 4.6.3 的要求。对于软质阔叶材，其顺纹中距和端距应按表中的规定增加 25%；对于硬质阔叶材和落叶松，若无法预先钻孔，不应采用钉连接。

表 4.6.3　钉排列的最小间距

被钉穿木板的最小厚度	顺纹		横纹		
	中距	端距	中距 S_2		端距
	S_1	S_0	齐列	错列或斜列	S_3
$a \geqslant 10d$	15d				3.5d
$10d \geqslant a \geqslant 4d$	取插入值		4d	3d	
$a=4d$	25d				2.5d

注：d 为螺栓直径

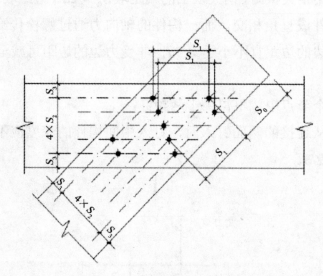

图 4.6.12　钉连接的斜列位置

四、屋架构造

木屋架的形式主要有三角形、梯形（图 4.6.13）。屋架形式的选择除考虑用料是否节省外，尚应依据屋面的流水坡度。黏土平瓦、水泥平瓦或小青瓦要求较大的坡度，需选用三角形屋架；石棉水泥瓦要求的坡度较缓可选用梯形屋架；卷材或铁皮屋面宜选用梯形屋架。

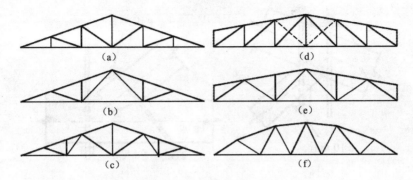

图 4.6.13　木屋架的形式

为了保证各种屋架的刚度，应根据所用材料、制造条件以及连接方式，确定适当的高跨比（h/l）（图 4.6.14）。对于采用半干材手工制作的齿连接圆木或方木屋架，三角形屋架的高跨比 $h/l \geq 1/5$，梯形和多边形屋架的高跨比 $h/l \geq 1/6$。

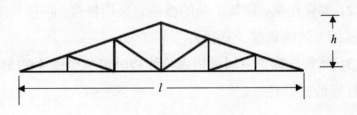

图 4.6.14　木屋架的矢高 h 与跨度 l

地震区木屋架不应采用方木或圆木作竖拉杆，应采用圆钢拉杆。当设防烈度为 8 度或 9 度时，木屋架中所有的圆钢拉杆和螺栓均应采用双螺帽。

木屋架的弦杆和斜腹杆至少要用双面马钉钉牢。设防烈度为 8 度或 9 度时，一般采用螺栓扣紧（图4.6.15）。

屋架腹杆与弦杆除用暗榫连接外，还应采用双面扒钉钉牢。

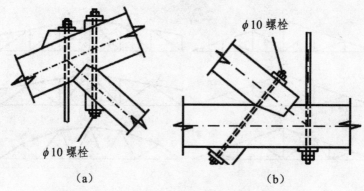

图 4.6.15　木屋架弦杆和斜腹杆用螺栓扣紧

五、檩条与屋架（梁）的连接及檩条之间的连接

檩条与屋架（梁）的连接及檩条之间的连接应符合以下要求：

(1) 连接用的扒钉或螺栓直径，设防烈度 6～7 度时不宜小于 $\phi 8$，8 度时不宜小于 $\phi 10$；9 度时宜采用 $\phi 12$。

(2) 搁置在梁、屋架上弦的檩条宜采用搭接，搭接长度不应小于梁或屋架上弦的宽度（直径）。

(3) 檩条与檩条之间采用螺栓连接时可参照图 4.6.16，也可采用铁打钉牢或扒钉连接。

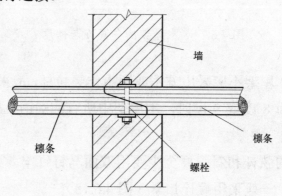

图 4.6.16　檩条与檩条之间采用螺栓连接

(4) 檩条与梁、屋架等构件的连接方法可参照图 4.6.17。

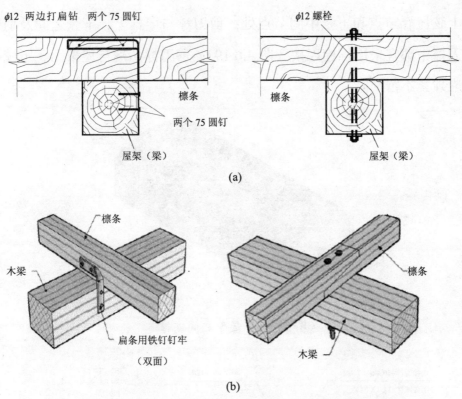

图 4.6.17　屋架（梁）和檩条之间的连接

（a）屋架（梁）和檩条采用扁条连接；（b）屋架（梁）和檩条采用螺栓连接

(5) 檩条与屋面板等各构件之间应当采用圆钉、扒钉或铅丝等相互牢靠连接。

六、屋架之间的连接

三角形木屋架的跨中处应设置纵向水平系杆，系杆应与屋架下弦杆钉牢。

应在两端开间和中间隔开间的屋架间或硬山搁檩屋盖的山尖墙之间设置竖向剪刀撑（图 4.6.18）；三角形木屋架的剪刀撑宜设置在上弦屋脊节点和下弦中间节点处；剪刀撑与屋架上、下弦之间及剪刀撑中部宜采用螺栓连接（图 4.6.19）；剪刀撑两端与屋架上、下弦应顶紧不留空隙。

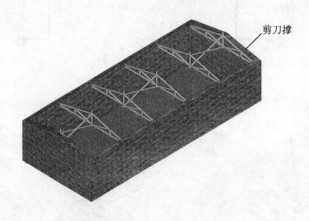

图 4.6.18　屋架之间支撑

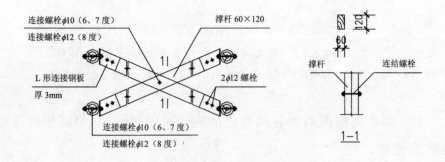

图 4.6.19　三角形木屋架垂直剪刀撑（单位：mm）

七、木屋盖与砖墙的连接

搁在墙上的檩条或屋架（梁）要锚固。屋顶的地震力是由搁在墙上的檩条端部传到墙上，或由搁在屋架（梁）上的檩条端部传给屋架，再由屋架支座传到墙上的。所以，除了檩条与屋架（梁），屋架与屋架之间要联结牢外，檩条、屋架（梁）与墙的联结也要牢靠。如果屋顶的整体性很好，又与墙可靠联结，那么，整个房屋就稳固而不容易破坏了。

不同抗震设防烈度下，砖房屋坡面瓦木屋盖有不同的锚固方法，具体如下：

1. 6度区

增加檩条在山墙上的搁置长度，加强檩条与山墙顶部的锚固，这些是防治山墙外倾的有效措施。瓦木屋盖的做法如图 4.6.20 所示。

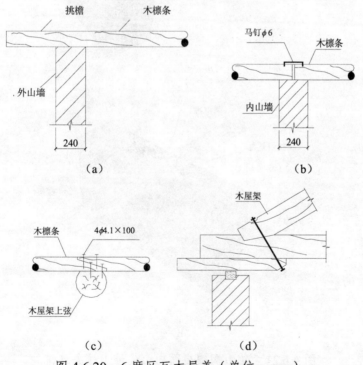

图 4.6.20 6度区瓦木屋盖（单位：mm）

（a）山墙出山；（b）内山墙；（c）屋架；（d）支座

2. 7度区

采用硬山搁檩屋面时，端檩应出檐，内山尖墙上檩条应满搭或采用夹板对接或燕尾榫、扒钉连接（图4.6.21）；檩条与山墙、屋架支座与墙采用扒钉或螺栓锚固（图4.6.22）。

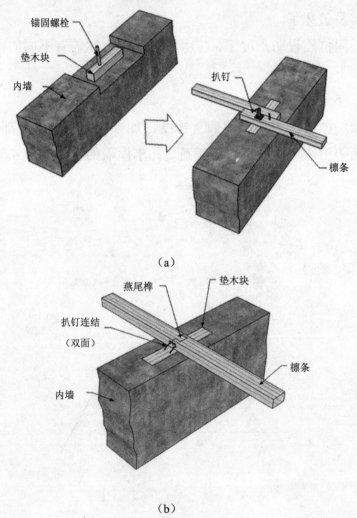

（a）

（b）

图 4.6.21　硬山搁檩屋面内山尖墙上檩条连接

(a) 硬山搁檩屋面内山尖墙上檩条扒钉连接；(b) 硬山搁檩屋面内山尖墙上檩条燕尾榫连接

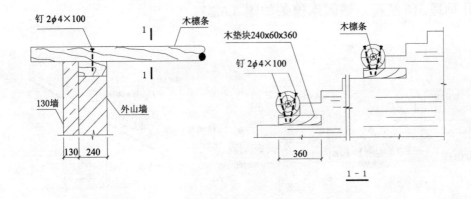

（a）

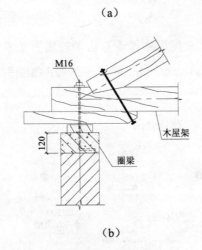

（b）

图 4.6.22　7 度区瓦木屋盖（单位：mm）

（a）7 度区檩条与山墙采用扒钉锚固；（b）屋架支座与墙采用螺栓锚固

搁置在砖墙上的木屋架和木梁下应设置木垫板，木垫板的长度和厚度分别不宜小于 500mm、60mm，宽度不宜小于 240mm 或墙厚；木垫板下应铺设砂浆垫层；木垫板与木屋架、木梁之间应采用铁钉或扒钉连接。

3. 8、9 度区

木檩条与山墙锚固的做法是，沿山墙顶部现浇钢筋混凝土压顶，

并预埋 $\phi10$ 螺栓,锚固木檩条如图 4.6.23。

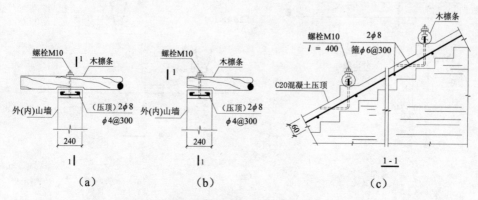

（a）　　　　　　　（b）　　　　　　　（c）

图 4.6.23　8、9 度区木檩条与山墙的锚固（单位：mm）

（a）出山；（b）封山；（c）与山墙锚固

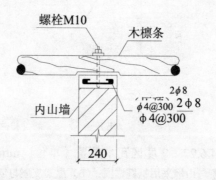

图 4.6.24　9 度区木檩条与内山墙的锚固

八、施工要求

(1) 处于房屋隐蔽部位的木构架,应设置通风洞口。

(2) 屋架的各杆件除用暗榫连接外,还应采用双面扒钉钉牢。

(3) 搁置在砖墙上的木檩条或龙骨下应铺设砂浆垫层。

(4) 采用钉连接,当钉的直径大于 6mm,或当采用易劈裂的树种（如落叶松或硬质阔叶树种）时，应预先钻孔，孔径取钉径的 0.8～0.9 倍，孔深应不小于钉入深度的 0.6 倍。

(5) 木构件与砖砌体或混凝土结构接触处应作防腐处理。

(6) 桁架上弦或下弦需接头时，夹板所采用螺栓直径、数量及排列间距均应按图施工。螺栓排列要避开髓心。受拉构件在夹板区段的材质均应达到一等材的要求。

(7) 受压接头端面应与构件轴线垂直，不应采用斜槎接头；齿连接或构件接头处不得采用凸凹榫。

(8) 当采用木夹板螺栓连接的接头钻孔时，应各部固定，一次钻通以保证孔位完全一致。受剪螺栓孔径大于螺栓直径不超过 1mm；系紧螺栓孔直径大于螺栓直径不超过 2mm。

(9) 木结构中所用钢材等级应符合设计要求。钢件的连接不应用气焊或锻接。受拉螺栓垫板应根据设计要求设置。受剪螺栓和系紧螺栓的垫板厚度不小于 $0.25d$（d 为螺栓直径），且不应小于 4mm；正方形垫板的边长或圆形垫板的直径不应小于 3.5d。

(10) 下列受拉螺栓必须戴双螺帽：桁架主要受拉腹杆；受振动荷载的拉杆；直径等于或大于 20mm 的拉杆。受拉螺栓装配后，螺栓伸出螺帽的长度不应小于螺栓直径的 0.8 倍。

(11) 屋架就位后要控制稳定，检查位置与固定情况。第一榀屋架吊装后立即找巾、找直、找平，并用临时拉杆（或支承）固定。第二榀屋架吊装后，立即上脊檩，装上剪力撑。支承与屋架用螺栓连接。

(12) 对于经常受潮的木构件以及木构件与砖石砌体及混凝土结构接触处进行防腐处理。在虫害（白蚁、长蠹虫、粉蠹虫及家天牛等）地区的木构件应进行防虫处理。

(13) 木屋架支座节点、下弦及梁端部不应封闭在墙、保温层或其他通风不良处内，构件周边（除支承面）及端部均应留出不小于 50mm 的空隙。

(14) 木材自身易燃，在 50℃ 以上高温烘烤下，即降低承载力和产生变形。为此，木结构与烟囱、壁炉的防火间距应严格符合设计要求。

(15) 在正常情况下，屋架端头应加以锚固，故屋架安装校正完毕后，应将锚固螺栓上螺帽并拧紧。

第五章 砌块砌体结构房屋抗震施工

第一节 建筑布置基本要求

(1) 房屋的最大开间尺寸不宜大于 6.6m。

(2) 同一结构单元内横墙应对齐,错位数量不宜超过横墙总数的 1/3,且连续错位不应多于两道;错位的墙体交接处均应增设构造柱,且楼、屋面板应采用现浇钢筋混凝土板。

(3) 横墙和内纵墙上洞口的宽度不应大于 1.5m;外纵墙上洞口的宽度不应大于开间尺寸的一半。

(4) 纵、横墙均应在楼、屋盖标高处设置加强的现浇钢筋混凝土圈梁。

(5) 纵、横墙交接处及横墙的中部均应增设满足下列要求的构造柱:在横墙内的柱距不宜大于层高,在纵墙内的柱距不宜大于 4.2m。

(6) 同一结构单元的楼、屋面板应设置在同一标高处。

(7) 房屋的底层和顶层,在窗台标高处宜设置沿纵、横墙通长的水平现浇钢筋混凝土带,其截面高度不小于 60mm,宽度不小于 190mm,纵向钢筋不少于 $3\phi10$。

(8) 门、窗洞口两侧均应设置一个芯柱,插筋不小于 $1\phi12$。

第二节 混凝土小型空心砌块砌体

一、选材要求

目前常用的混凝土小型空心砌块块型共有 6 种，分别用 K1、K2、K3、K4、K5 和 K6 表示。K1 为基本块型，尺寸为 390mm×390mm×190mm，孔洞率不应大于 35%，如图 5.2.1。K2～K6 是辅助块型，通过补充、配合以完成墙体砌筑时的不同需求。

图 5.2.1 混凝土小型砌块（单位：mm）

建筑砌块房屋应当采用性能良好的特殊砂浆。混凝土小型空心砌块砌筑砂浆又称混凝土砌块专用砂浆，强度等级用 Mb 表示。这种专用砂浆的和易性好，黏结强度高。按照《混凝土小型空心砌块砌筑砂浆》（JC860－2000）标准，砂浆等级分为 7 级，其抗压强度指标分别对应于一般砌筑砂浆的抗压强度指标，如表 5.2.1 所示。

一般砌体砌块强度等级不应低于 MU7.5，其砌筑砂浆强度等级不应低于 Mb7.5。地面以下或防潮层以下的砌体、潮湿房间的墙，砌块的强度等级不应低于 MU10，砌筑砂浆应用水泥砂浆，其强度等级不应低于 Mb10。

表 5.2.1　混凝土小型空心砌块砌筑砂浆的强度等级（**Mb**）
与抗压强度指标（**M**）

强度等级	Mb30	Mb25	Mb20	Mb15	Mb10	Mb7.5	Mb5
抗压强度指标	M30	M25	M20	M15	M10	M7.5	M5

　　建筑内隔墙、围墙可使用合格品等级砌块，其他部位均应使用强度等级不低于一等品等级的砌块。承重墙体严禁使用断裂砌块，有竖向裂缝、龄期不足 28 天及外表明显受潮的砌块。

　　用于灌注砌块孔洞中的灌孔混凝土，主要由水泥、骨料、水组成，并根据需要掺入一定比例的掺合料和外加剂，是一种高流动性、硬化后体积微膨胀或有补偿收缩等性能的细石混凝土。灌孔混凝土强度等级以 Cb 标记，分为 5 种：Cb20、Cb25、Cb30、Cb35 和 Cb40，对此我国有专门的规范标准要求。

　　二、抗震措施

　　(1) 在墙体的下列部位,应采用不低于 Cb20 的灌孔混凝土灌实:

　　①地面以下或防潮层以下的砌体、潮湿房间的墙;

　　②无圈梁或混凝土垫块的檩条支承面下的一皮砌块;

　　③钢筋混凝土楼板支承面下的一皮砌块;

　　④未设置混凝土垫块的屋架、梁等构件支承处，砌块灌实高度不应小于 600mm，长度不应小于 600mm;

　　⑤挑梁支承面下支承部位的内外墙交接处，纵横各灌实 3 个孔洞，灌实高度不小于三皮砌块。

　　(2) 跨度大于 4.2m 的梁，其支承面下应设置混凝土或钢筋混凝土垫块；当墙中设有圈梁时，垫块宜与圈梁浇成整体。当大梁跨度不小于 4.8m，且墙厚为 190mm 时，其支承处宜加设壁柱。

山墙处的壁柱宜砌至山墙顶部，屋面构件应与山墙可靠拉结。

(3) 在砌体中留槽洞及埋设管道时，应遵守下列规定：不应在截面长边小于 500mm 的承重墙体、独立柱内埋设管线；墙体中应避免开凿沟槽；对受力较小或未灌孔的砌块砌体，可在墙体的竖向孔洞中设置管线。

(4) 砌块墙与后砌隔墙交接处，应沿墙高每 400mm 在水平灰缝内设置不少于 $2\phi4$、横筋间距不大于 200mm 的焊接钢筋网片（图 5.2.2）。

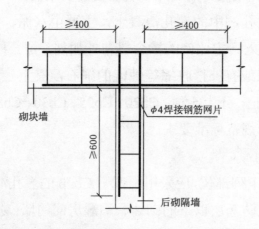

图 5.2.2　砌块墙与后砌隔墙交接处钢筋网片（单位：mm）

砌块房屋墙体交接处，也应设置拉结钢筋网片，网片可采用$\phi4$钢筋点焊而成，沿墙高每隔 400mm 设置，每边伸入墙内不宜小于 1000mm。

(5) 砌入墙内的焊接钢筋网片和拉结筋不得随意弯折，应居中放置在水平灰缝的砂浆层中，且不应有露筋现象。水平灰缝厚度应大于钢筋直径 4mm 以上，砌体外露面砂浆保护层的厚度不应小于 15mm。钢筋网片的纵横筋不应重叠点焊，应控制在同一平面内。

三、施工要求

(1) 墙体施工前应按房屋设计图编绘砌块平、立面排块图。排列时应根据砌块规格、灰缝厚度和宽度、门窗洞口尺寸、过梁与圈梁或楼面梁的高度、芯柱或构造柱位置、预留洞大小、管线、开关、插座敷设部位等进行对孔、错缝搭接排列，并以主规格砌块为主，辅以相应的辅助块。

(2) 砌块砌筑前不得浇水。在施工期间气候异常炎热干燥时，可在砌筑前稍喷水湿润。轻骨料砌块应根据施工时实际气温和砌筑情况而定，必要时应按当地气温情况提前洒水湿润。

(3) 墙体砌筑应从房屋外墙转角定位处开始。砌筑皮数、灰缝厚度、标高应与该工程的皮数杆相应标志一致。皮数杆应竖立在墙的转角处和交接处，间距宜小于 15m。

砌筑时，通孔和盲孔砌块、单排孔和多排孔砌块、异型砌块及复合保温砌块等均应反砌。

砌块砌筑形式应每皮顺砌，上下皮砌块应对孔并且竖缝相互错开 1/2 主规格砌块长度。个别情况下无法对孔砌筑时，上下皮竖向灰缝互相错开的长度不应小于 90mm。使用多排孔砌块砌筑墙体时，也应错缝搭砌，搭接长度不应小于主规格砌块长度的 1/4。在砌块水平向之间加配钢筋网或钢筋，可增强砌块间的连接，如图 5.2.3 所示。

墙体转角处和纵、横墙交接处应同时砌筑，如图 5.2.4 所示。临时间断处应砌成斜槎，斜槎水平投影长度不应小于高度的 2/3。

(4) 隔墙顶接触梁板底的部位应用实心砌块斜砌楔紧。房屋顶层的内隔墙应砌至距屋面板板底 15mm，缝内用 1∶3 混合砂浆或弹性腻子嵌塞。

(5) 砌筑砌块的砂浆应随铺灰随砌，砌筑时铺浆长度不得超过

800mm。砌体的灰缝应横平竖直、厚薄均匀、填满砂浆。水平灰缝宜采用坐浆法满铺砌块全部壁肋或多排孔砌块的封底面；竖向灰缝应采用满铺端面法，即将砌块端面朝上满铺砂浆，再上墙挤紧，然后加浆插捣密实。水平灰缝饱满度不得低于 90%，竖向灰缝饱满度不得低于 80%。水平灰缝厚度和竖向灰缝宽度宜为 8～12mm。

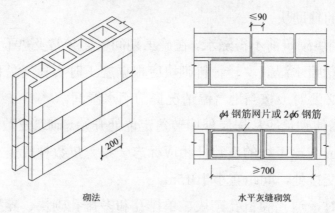

砌法　　　　　　　　水平灰缝砌筑

图 5.2.3　砌块墙体的砌筑（单位：mm）

严禁用水冲浆灌缝，也不得采用石子、木楔等物垫塞灰缝砌筑。砌筑时，墙面应用原浆做勾缝处理。缺灰处应补浆压实，并宜作成凹缝，凹进墙面 2mm。

安装预制梁时，应先找平，后座浆，不得干铺。

(6) 窗台梁两端伸入墙内的支承部位应预留孔洞。洞口大小、部位与上下皮砌块孔洞应保证门、窗洞两侧的芯柱竖向贯通。

木门窗框与砌块墙体两侧连接处的上、中、下部位应砌入埋有沥青木砖的砌块（190mm×190mm×190mm）或实心砌块，并用铁钉、射钉或膨胀螺栓固定。

(7) 水、电管线的敷设安装应按砌块排块图的要求与土建施工进度密切配合，不得事后凿槽打洞。

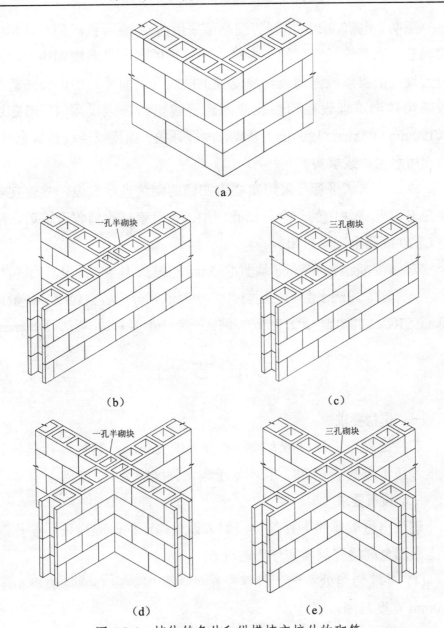

图 5.2.4 墙体转角处和纵横墙交接处的砌筑

（a）L 形墙转角处的砌筑；（b）T 形墙交接处无芯柱砌法；（c）T 形墙交接处有芯柱砌法；

（d）十字形墙交接处无芯柱砌法；（e）十字形墙交接处有芯柱砌法

照明、电信、闭路电视等线路可采用内穿 12 号铁丝的白色增强塑料管。水平管线宜预埋于专供水平管用的实心带凹槽砌块内，也可敷设在圈梁模板内侧或现浇混凝土楼板（屋面板）中。竖向管线应随墙体砌筑埋设在砌块孔洞内。管线出口处应采用 U 形砌块（190mm×190mm×190mm）竖砌，内埋开关、插座或接线盒等配件，四周用水泥砂浆填实。

冷、热水水平管可采用实心带凹槽的砌块进行敷设。立管宜安装在 E 字形砌块中的一个开口孔洞中。待管道试水验收合格后，应用 Cb20 混凝土浇灌封闭。

安装后的管道表面应低于墙面 4～5mm，并与墙体卡牢固定，不得有松动、反弹现象。浇水湿润后用 1∶2 水泥砂浆分层填实封闭。外敷设 10mm×10mm 的 $\phi 0.5 \sim \phi 0.8$ 钢丝网，网宽应跨过槽口，每边不应小于 80mm。

第三节　芯　柱

一、选材要求

芯柱混凝土粗骨料最大粒径不宜大于 16mm，芯柱灌孔混凝土强度等级不应低于 Cb20，且不低于砌块强度等级的 1.5 倍。

二、设置要求

砌块房屋墙体的下列部位，如未设置构造柱，应当采用灌孔混凝土沿墙全高将孔洞灌实作为芯柱。

（1）外墙转角处和纵、横墙交接处，距墙体中心线每边不小于 300mm 宽度范围内墙体。

（2）屋架、大梁的支承处墙体灌实宽度不应小于 500mm。

（3）壁柱或洞口两侧不小于 300mm 宽度范围内墙体。

（4）楼梯间四角；大房间内、外墙交接处；隔 15m 或单元横墙与外纵墙交接处。

(5) 外墙转角，灌实 3 个孔；内、外墙交接处，灌实 4 个孔。

三、抗震措施

(1) 芯柱截面不宜小于 120mm×120mm。

(2) 芯柱的竖向插筋应当贯通墙身且与圈梁连接，插筋不应小于
1ϕ12。如图 5.3.1 所示。

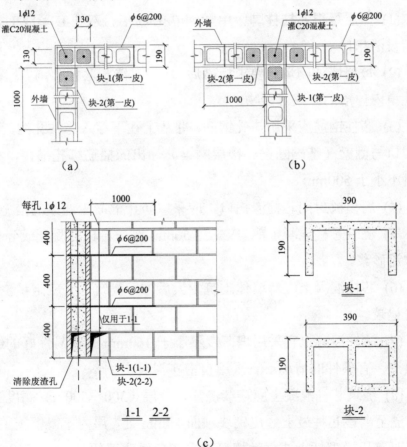

图 5.3.1　芯柱配筋大样（单位：mm）

（a）内、外墙转角处；（b）纵、横墙连接处；（c）竖剖面

(3) 芯柱应当伸入室外地面下0.5m或与埋深小于0.5m的基础圈梁相连，并与各层圈梁整体现浇。

(4) 芯柱宜在墙体内均匀布置，最大净距不宜大于2.0m。

(5) 芯柱与墙体连接处应当设置$\phi 4@200$点焊拉结钢筋网片，沿墙高每隔0.6m设置，每边伸入墙内不宜小于1m。

四、施工要求

(1) 每层每根芯柱柱脚应用竖砌单孔U形、双孔E形或L形砌块留设清扫口。

(2) 每层墙体砌筑到要求标高后，应及时清扫芯柱孔洞内壁及芯柱孔道内掉落的砂浆等杂物。

(3) 芯柱钢筋应采用热轧钢筋，并从上往下穿入芯柱孔洞，通过清扫口与圈梁（基础圈梁、楼层圈梁）伸出的插筋绑扎搭接，搭接长度不小于500mm。

(4) 用模板封闭芯柱清扫口，应采取防止混凝土漏浆的措施。

(5) 浇筑芯柱混凝土前，应先浇50mm厚与芯柱混凝土成分相同的水泥砂浆。

(6) 芯柱混凝土应待墙体砌筑两天后方可浇筑，并应定量浇筑，作好记录。

(7) 芯柱混凝土宜采用坍落度不小于160mm且和易性好的细石混凝土，有条件的情况下宜采用自密实混凝土。

(8) 浇筑芯柱混凝土应连续浇灌、分层（300～500mm高度）捣实，浇至离该芯柱最上一皮砌块顶面50mm处，层内不得留施工缝。振捣时宜用微型插入式振动棒振捣，避免触碰墙体。

第四节　构　造　柱

一、选材要求

构造柱混凝土粗骨料宜采用连续粒级，最大粒径不宜大于 31.5mm，混凝土强度等级不应低于 C20。

二、设置要求

外墙转角、内外墙交接处、楼梯间四角等部位，应允许采用钢筋混凝土构造柱替代部分芯柱。

三、抗震措施

(1) 构造柱最小截面可采用 190mm×190mm，纵筋不应小于 $4\phi12$，箍筋不应小于 $\phi6@250$，如图 5.4.1 所示。构造柱上下两端各 0.5m 范围内箍筋加密为 $\phi6@150$，外墙转角的构造柱可适当加大截面及配筋。

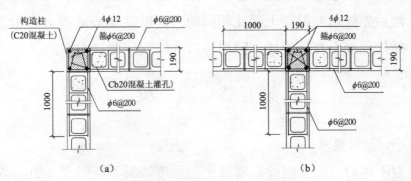

图 5.4.1　构造柱配筋大样（单位：mm）

（a）外墙转角处；（b）纵、横墙连接处

(2) 构造柱与砌块墙连接处应当砌成马牙槎，与构造柱相邻的砌块孔洞，6 度和 7 度时应当填实、8 度时应当填实并插筋 $1\phi12$。

(3) 构造柱与圈梁连接处，构造柱的纵筋应当穿过圈梁，保证构造柱纵筋上下贯通。

(4) 构造柱可不单独设置基础，但应当伸入室外地面下 0.5m，或与埋深小于 0.5m 的基础圈梁相连接。

(5) 必须先砌筑砌块墙体，后浇筑构造柱混凝土。

四、施工要求

(1) 设置钢筋混凝土构造柱的砌块砌体，应按砌筑墙体、绑扎钢筋、支设模板、浇筑混凝土的施工顺序进行。

(2) 墙体与构造柱连接处应砌成马牙槎，从每层柱脚开始，先退后进，砌成 100mm 宽、200mm 高的凹凸槎口。柱墙间应采用 $2\phi6$ 钢筋拉结，端部弯钩，竖向间距 400mm，每边伸入墙内长度为 1.0m 或伸至洞口边。

(3) 构造柱两侧模板应紧贴墙面，支撑应牢靠，板缝不得漏浆。

(4) 构造柱混凝土坍落度宜为 70～90mm。

(5) 浇筑构造柱混凝土前应清除落地灰等杂物并将模板浇水湿润，然后先注入与混凝土配比相同的水泥砂浆 50mm 厚，再分段浇筑、振捣混凝土直至完成。凹型槎口处腋部应振捣密实。

第五节　圈　梁

一、选材要求

对于钢筋混凝土圆梁，混凝土的强度等级不应低于 C20。对于配筋砖圈梁，在 6～7 度时，砂浆强度等级不应低于 M5；在 8～9 度时不应低于 M7.5。

二、设置部位

(1) 所有纵、横墙基础顶部。

(2) 所有纵横墙的楼、屋盖处以及与构造柱对应部位。

(3) 内横墙上圈梁间距不应大于 7m。

(4) 圈梁应当闭合，遇有洞口应当上下搭接。

三、配筋砖圈梁抗震措施

(1) 在配筋砖圈梁高度处应当卧砌不少于两皮普通砖。

(2) 配筋砖圈梁砂浆层的厚度不宜小于 30mm。

(3) 配筋砖圈梁的纵向钢筋配置不应低于 $2\phi6$。

(4) 芯柱与墙体配筋砖圈梁交叉部位局部采用现浇混凝土，应当在灌孔的同时浇筑，芯柱的混凝土和插筋、配筋砖圈梁的水平配筋应当连续通过。

(5) 配筋砖圈梁交接（转角）处的钢筋应当搭接（图 5.5.1）。

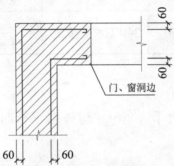

图 5.5.1　配筋砖圈梁在洞口边、转角处钢筋搭接做法（单位：mm）

四、钢筋混凝土圈梁抗震措施

钢筋混凝土圈梁宽度不应小于 190mm；基础圈梁截面高度不应小于 180mm，楼、屋盖圈梁高度不宜小于 190mm；上下纵筋各不应少于 $3\phi10$ 或配筋不应少于 $4\phi12$，箍筋不小于 $\phi6$，间距不应大于 200mm。

第六节　楼、屋盖

一、选材要求

砌块砌体结构房屋可采用混凝土楼、屋盖和木屋盖。楼、屋盖混凝土的强度等级不应低于 C20。木屋盖主要的承重构件应采用针叶材，重要的木制连接件应采用细密、直纹、无节和无其他缺陷的耐腐的硬质阔叶材。

二、构件的支承长度

(1) 现浇钢筋混凝土楼板或屋面板均应当压满墙。

(2) 木楼、屋盖构件的支承长度不应小于表 5.5.1 的规定。

表 5.5.1　木楼、屋盖构件的最小支承长度（mm）

构件名称	预制进深梁	木屋架、木大梁	对接檩条	木龙骨、木檩条
位置	墙上	墙上	屋架上	墙上
支承长度	240（梁垫）	240（木垫板）	60（木夹板或螺栓）	180（砂浆垫层）

三、抗震措施

(1) 当板的跨度大于 4.8m 并与外墙平行时，靠外墙的预制板侧边应与墙或圈梁拉结。

(2) 房屋端部大房间的楼盖，8 度时房屋的屋盖，当圈梁设在板底时，钢筋混凝土预制板应相互拉结，并应与梁、墙或圈梁拉结。

(3) 楼、屋盖的钢筋混凝土梁或屋架应与墙、柱（包括构造柱）或圈梁可靠连接。

(4) 坡屋顶房屋的屋架应与顶层圈梁可靠连接，檩条或屋面板应与墙及屋架可靠连接；房屋出入口处的檐口瓦应与屋面构件锚固；7 度和 8 度时顶层内纵墙顶宜增砌支撑山墙的踏步式墙垛。

(5) 预制阳台应与圈梁和楼板的现浇板带可靠连接。

四、女儿墙

不应采用无筋空心砌块栏板及女儿墙。屋顶女儿墙每隔半开间设从顶层圈梁延伸的构造柱或芯柱，应在女儿墙顶设压顶圈梁，截面高度不应小于 60mm，纵向钢筋不应少于 2ϕ10。构造柱尺寸为墙厚×190mm。女儿墙配筋可参照图 5.6.1 所示。

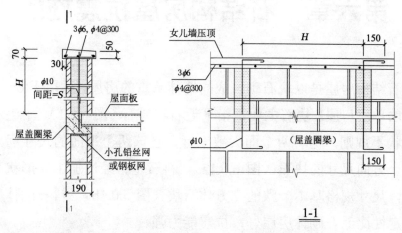

图 5.6.1　栏板及女儿墙拉结示意图（单位：mm）

第六章　石结构房屋抗震施工

　　石结构房屋是以块石砌筑成的墙体承重的房屋，适用于 6～8 度地区的单层房屋。块石主要是指平毛石和料石（图 6.0.1），平毛石是指形状不规则，但有两个面大致平行，且该两个平面的尺寸远大于另一个方向尺寸的块石（图 6.0.1a）。料石是指经过加工，形状基本规则，尺寸规格基本一致的立方体石块（图 6.0.1b）。料石砌体房屋的稳定性比毛石砌体房屋好，抗震能力强。

（a）　　　　　　　　　　　　　　　　　　（b）

图 6.0.1　块石的类型

（a）平毛石；（b）料石

　　石结构房屋历史悠久，在山区使用比较广泛。石材具有分布广泛、防潮湿、抗风化、耐腐蚀、使用寿命长等优点。不足之处主要是块石比重大、加工费时。

　　在抗震设防烈度 9 度和 9 度以上地区，不提倡建造石结构房屋。

第一节　震害现象及成因

石结构房屋的震害主要出现在石墙体上，主要表现为承重石墙错位，开裂、外鼓或倒塌等。

地震发生时，水平地震作用主要由同方向的墙体承受，当局部墙体抗剪能力不足时，就会出现墙体剪切斜裂缝；墙体抗震抗剪能力严重不足时，就会引起房屋倒塌。石砌墙体抗震能力不足的主要原因有：

一、墙体分布及门、窗洞口布置不合理

当房屋的抗震横墙不贯通、单道墙上开洞多或洞口太大时，局部小墙肢难以承受传来的水平地震作用，引起开裂和破坏，就会产生如图 6.1.1 所示的交叉剪切斜裂缝。

图 6.1.1　石墙斜裂缝

二、砌筑砂浆强度不足

石砌体的承载能力主要取决于砌筑砂浆的质量。图 6.1.2 所示的房屋，其墙体块石无砂浆垒筑，整体性极差，难以抵抗地震作用。

图 6.1.3 所示的墙体砂浆强度低，灰缝不饱满，直接影响石墙的抗震能力。如果石砌体灰缝过大，也会因砂浆收缩量大造成砂浆与块石的离鼓。

（a）　　　　　　　　　　　　　（b）

图 6.1.2　块石无砂浆砌筑

（a）毛石；（b）料石

图 6.1.3　砌筑砂浆强度低

三、块石砌筑方法不当

石墙的砌筑方法不当，也会严重影响墙体的抗震能力。

1. 毛石选择摆放不合理

块石形状不方正，过圆、过长、过扁、过小或块石表面斜度过大；块石之间缝隙过大、且无碎小石块填缝，或碎小块石过于集中等。

2. 块石砌筑方法不当

块石上下皮不错缝，形成竖向砂浆直缝；里外层块石不交错搭砌，形成里外分层；选料形状不当，砌体块石之间形成了翻槎面、斧刀面、铲口面等；块石搭配不当，在块石之间形成过大空心，并填入大量砂浆。

四、纵、横墙间缺乏有效拉结

纵横墙交接处缺乏有效拉结，地震时会导致墙角破坏、纵墙外闪及倒塌等，如图 6.1.4 所示。

（a）

（b）

图 6.1.4　纵、横墙缺乏拉结

（a）墙体外鼓；（b）墙体外塌

第二节　抗震构造要求

石结构一般情况下用于民居建筑的单层房屋,层高不宜超过 3.6m。房屋层高为从室外地面起算至主要屋面板板顶或檐口高度,对坡屋面层高应当算到山尖墙的 1/2 高度处。

承重墙为料石时厚度不应当小于 0.24m,承重墙为平毛石时厚度不应当小于 0.40m。

石结构房屋应当优先采用横墙承重或纵、横墙共同承重的结构体系,严禁采用石板、石梁及独立料石柱作为承重构件。屋盖宜采用现浇钢筋混凝土屋盖结构,也可采用木屋盖,在设防烈度为 8~9 度的地区慎用硬山搁檩屋面。

同一房屋不宜采用石柱与木柱混合承重,也不宜在房屋的同一高度采用石砌体、砖砌体、土坯墙等不同材料的墙体混合承重。

石结构房屋的抗震横墙间距要求详见表 6.2.1,房屋局部尺寸限值见表 6.2.2。

表 6.2.1　房屋抗震横墙最大间距（m）

屋盖结构类型	抗震设防烈度	
	6~7 度	8 度
现浇钢筋混凝土	10	7
木屋盖	11	7

表 6.2.2　房屋局部尺寸限值（m）

部位	抗震设防烈度	
	6~7 度	8 度
承重窗间墙最小宽度	1.0	1.0
承重墙尽端至门窗洞边的最小距离	1.0	1.2
非承重墙尽端至门窗洞边的最小距离	1.0	1.0
内墙阳角至门窗洞边的最小距离	1.0	1.2

第三节 石 砌 体

石结构房屋的抗震能力主要取决于石砌体的整体性、块石的砌筑方法和砌筑质量以及墙体之间的连接。

用于建造石结构房屋的石材应当质地坚实，无风化、剥落和裂纹，砌筑砂浆强度等级不应低于 M5。

一、毛石砌体

1. 选材要求

毛石砌体应采用平毛石与强度等级不低于 M5 的水泥混合砂浆或水泥砂浆砌筑。不应使用卵石作为墙体材料。毛石表面的泥垢、水锈等杂质，砌筑前应清除干净。平毛石中部厚度不宜小于 150mm。

2. 铺浆法砌筑

毛石砌体一般应采用铺浆法砌筑，灰缝厚度宜控制在 20～30mm，砂浆应饱满，石块间不得直接接触。石块间间隙较大时应填塞砂浆后用碎石块嵌实，不应采用铺石灌浆法或干填碎石块的砌法。

用较大的平毛石先砌转角处、纵横墙交接处和门洞处，再砌筑中间。砌前应先试石块的摆法，使石料大小搭配，大面平放，外露表面要平齐，斜面朝内，逐块坐浆卧砌。如图 6.3.1 所示。

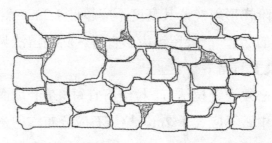

图 6.3.1 石料交错、摆放及分层找平

3. 块石分皮卧砌交错搭接

毛石砌体宜分皮卧砌，各皮石块间应利用自然形状敲打修整，使之与先砌石块基本吻合，搭接紧密。由于毛石的形状和大小不一，难以每皮（层）砌平，但每隔一定高度应大体找平，如图6.3.1。毛石墙的第一皮石块及最上一皮石块应选用较大平整毛石砌筑，第一皮大面向下，以后各皮上下错缝，内外搭接，不得采用外面侧立石块，中间填心的砌筑方法。墙中不应夹砌过桥石（仅在两端搭砌的石块）、铲口石（尖角倾斜向外的石块）、斧刃石，见图6.3.2。

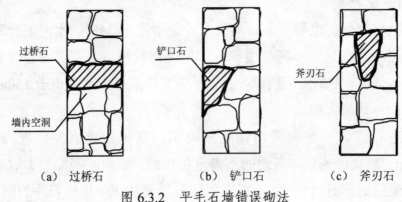

（a）过桥石　　　（b）铲口石　　　（c）斧刃石

图6.3.2　平毛石墙错误砌法

4. 墙体交接处留斜槎

在转角处及交接处应同时砌筑，分阶段砌筑墙体时，在墙体的交接部位应留阶梯形斜槎，其高度不应超过1.2m，斜槎的水平长度不应小于高度的2/3，严禁留锯齿形直槎。斜槎留法见图6.3.3。

5. 合理设置拉结石

毛石砌体必须设置拉结石。拉结石宜每0.7m²墙面设置一块，同皮内拉结石的中距不应大于2m。拉结石应分布均匀，相互错开。

当墙厚小于或等于400mm时，拉结石的长度应与墙厚相等；当墙厚大于400mm时，可用两块拉结石内外搭接，搭接长度不应小于

150mm，且其中一块的长度不应小于墙厚的 2/3。具体如图 6.3.4 所示。

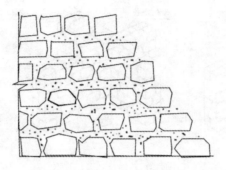

图 6.3.3　阶梯形斜槎留法

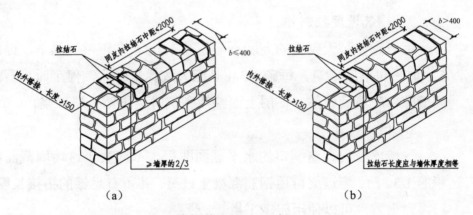

图 6.3.4　毛石墙拉结石砌法（单位：mm）
（a）毛石墙厚度大于 400mm；（b）毛石墙厚度小于等于 400mm

6. 墙体转角处砌法

毛石墙在转角处，应采用有直角边的拉结石砌在墙角一面，按长短形状纵、横搭接砌入墙内。丁字形接头处，要选取较为平整的长方形拉结石，按长短纵、横砌入墙内，使其在纵、横墙中上下皮能相互搭砌。十字形接头处，长方形拉结石每皮相互错开搭接，使双向纵、横墙紧密咬槎砌筑。具体如图 6.3.5 所示。

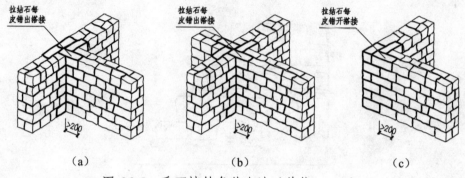

拉结石每皮错出搭接　　　拉结石每皮错出搭接　　　拉结石每皮错开搭接

（a）　　　　　　　　　（b）　　　　　　　　　（c）

图 6.3.5　毛石墙转角处砌法（单位：mm）

（a）T 形墙角；（b）十字形墙角；（c）L 形墙角

7．砌筑进度控制

毛石砌体每天砌筑的高度不应超过 1.2m。在正常气温下，停歇 4 小时后可继续砌筑。每砌 1.2m 高应大致找平一次，停工时，石块间缝隙内应填满砂浆，该层上面继续砌筑时应再铺一层砂浆。

8．门、窗开洞

一堵墙上门、窗洞口的水平截面面积，不应大于这堵墙截面面积的 1/3。门、窗过梁可用钢筋混凝土过梁，并留有足够的搭接长度；门、窗上方也可以使用砖砌平拱。

二、料石砌体

1．选材要求

料石墙用料石与水泥混合砂浆或水泥砂浆砌成。料石墙的厚度不应小于 240mm。

料石可分毛料石、粗料石、半细料石、细料石，其形状越规则越好。料石的宽度不宜小于 240mm、高度不宜小于 220mm，长度宜为高度的 2～3 倍且不宜大于高度的 4 倍。料石加工面的平整度应符合表 6.3.1 的要求。

表 6.3.1　料石加工平整度（mm）

料石种类	外露面及相接周边的表面凹入深度	上、下叠砌面及左右接砌面表面凹入深度	尺寸允许偏差	
			宽度、高度	长度
毛料石	稍加修整	≤25	±10	±15
粗料石	≤20	≤20	±5	±7
半细料石	≤10	≤15	±3	±5
细料石	≤2	≤10	±3	±5

2. 灰缝厚度及砂浆铺设厚度

细料石墙灰缝厚度不宜大于 5mm。半细料石墙灰缝厚度不宜大于 10mm。粗料石和毛料石墙灰缝厚度不宜大于 20mm。同一层石料及水平灰缝的厚度要均匀一致。禁止使用干砌后甩浆塞缝的料石墙体。

砌筑时，砂浆铺设厚度应略高于规定灰缝厚度，高出厚度为：细料石、半细料石以 3～5mm 厚为宜；粗料石、毛料石以 6～8mm 厚为宜。

料石砌体的竖缝应在料石安装平稳后，用同样强度等级的砂浆灌注密实，竖缝不得透空。

3. 砌筑方法

料石砌筑时，应放置平稳，料石墙体应上下皮错缝搭接，错缝长度不宜小于料石长度的 1/3。根据墙体厚度与料石宽度的关系，可以采用丁顺叠砌、丁顺组砌、全顺叠砌的方法砌筑（图 6.3.6）。

(1) 丁顺叠砌法。当墙体厚度等于料石宽度时，适宜使用丁顺叠砌法。丁顺叠砌法为一皮顺石与一皮丁石相间隔砌成，上下皮顺石与丁石间竖缝相互错开 1/2 石宽。

(2) 丁顺组砌法。当墙体厚度等于或大于两块料石宽度时,适宜使用丁顺组砌法。丁顺组砌法为同皮内每1~3块顺石与一块丁石相间砌成,上皮丁石坐于下皮顺石,上下皮竖缝相互错开至少1/2石宽,丁石中距不超过2m。

(3) 全顺叠砌法。当墙体厚度等于料石宽度时,适宜使用全顺叠砌法。全顺叠砌法每皮料石均为顺砌,上下皮竖缝相互错开1/2石长。

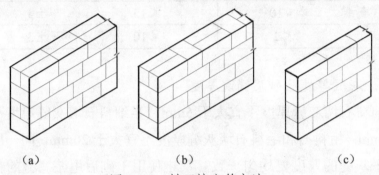

(a)   (b)   (c)

图 6.3.6 料石墙砌筑方法

(a) 丁顺叠砌;(b) 丁顺组砌;(c) 全顺叠砌

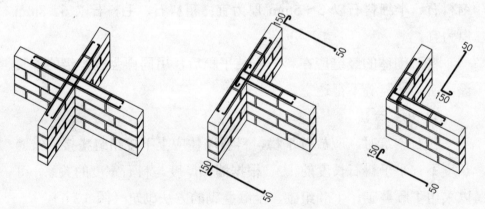

图 6.3.7 纵、横墙连接处拉结钢筋做法(单位: mm)

4. 砌筑进度控制

无垫片料石砌体每天砌筑的高度不应超过 1.2m，有垫片料石砌体每天砌筑的高度不应超过 1.5m。

5. 纵、横墙交接处设置拉结钢筋

抗震设防烈度为 7、8 度时，应当沿墙高每隔 0.5～0.7m 设置 $2\phi6$ 拉结钢筋，每边伸入墙内不宜小于 1.0m 或伸至门窗洞边，如图 6.3.7。

第四节　壁柱与垫块

当梁或屋架的跨度大于 4.2m 时，应在支承处设置素混凝土或钢筋混凝土垫块。如图 6.4.1。

当梁或屋架的跨度大于 4.8m 时，其支承处应当加设壁柱或采取其他加强措施。壁柱宽度不宜小于 400mm，厚度不宜小于 200mm，壁柱应当采用料石砌筑。如图 6.4.1。

毛石墙厚大于等于 450mm 时可不设壁柱，料石墙为双轨墙体时可不设壁柱。

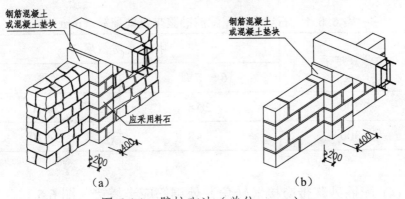

图 6.4.1　壁柱砌法（单位：mm）
（a）平毛石墙体；（b）料石墙体

第五节　圈　梁

为了增强石结构房屋的整体性，应在下列部位设置钢筋混凝土圈梁或配筋砂浆带圈梁：

(1) 所有纵横墙的基础顶部标高处、屋盖的墙顶标高处。

(2) 抗震设防烈度为 8 度时，应在墙高中部增设一道。

一、圈梁

钢筋混凝土圈梁宽度宜与墙厚相同；基础圈梁截面高度不应当小于 180mm，屋盖圈梁高度不应当小于 120mm；配筋不应当少于 $4\phi12$，箍筋配置量不应当少于 $\phi6@250mm$。

二、配筋砂浆带

(1) 6～7 度时砂浆强度等级不应当低于 M5.0，8 度时不应当低于 M10。

(2) 配筋砂浆带的厚度不宜小于 50mm。

(3) 配筋砂浆带的纵向钢筋配置不应当低于表 6.5.1 的要求。

表 6.5.1　石结构房屋配筋砂浆带纵向配筋（mm）

墙体厚度 t	抗震设防烈度	
	6～7 度	8 度
≤300	$2\phi8$	$2\phi10$
>300	$3\phi8$	$3\phi10$

(4) 配筋砂浆带交接（转角）处钢筋应当搭接（图 6.5.1）。

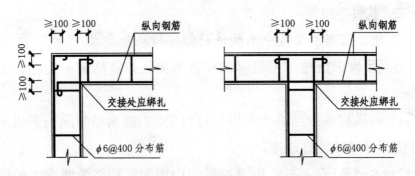

图 6.5.1 配筋砂浆带圈梁（单位：mm）

第六节 屋 盖

石结构房屋的屋盖宜采用现浇钢筋混凝土屋盖结构，也可采用木屋盖结构形式，在设防烈度为 8～9 度的地区慎用硬山搁檩屋面。

钢筋混凝土屋盖的配筋及施工要求详见第四章。

单层石砌体结构房屋多采用木屋盖。

木屋盖主要由木屋架或木梁、檩条、椽子及屋面铺设材料组成。为了提高房屋的整体性，所能采取的抗震措施主要是加强屋架构件之间的连接以及屋盖墙体之间的连接。

一、构件支承长度

1. 木屋盖构件的支承长度不应当小于表 6.6.1 的规定。

表 6.6.1 木屋盖构件的最小支承长度（mm）

构件名称	预制进深梁	木屋架、木大梁	对接檩条	木龙骨、木檩条
位置	墙上	墙上	屋架上	墙上
支承长度	240（梁垫）	240（木垫板）	60（木夹板或螺栓）	180（砂浆垫层）

二、构件连接

1. 硬山搁檩木屋盖中木构件的拉接措施和要求

当采用硬山搁檩木屋盖时，屋盖木构件拉接措施应当符合下列要求：

(1) 内墙檩条应当满搭并用扒钉钉牢；不能满搭时应当采用木夹板对接或燕尾榫扒钉连接。

(2) 木檩条应当采用 8 号铅丝与山墙配筋砂浆带圈梁中的预埋件拉接。

(3) 木屋盖各构件应当采用圆钉、扒钉或铅丝等相互连接。

2. 木屋架构件的连接措施应当符合下列规定

(1) 山墙、山尖墙应当采用墙揽与木屋架拉结。

(2) 木屋架房屋应当在屋檐高度处设置纵向水平系杆，系杆应当采用墙揽与各道横墙连接或与屋架下弦杆钉牢。屋架腹杆与弦杆除用暗榫连接外，还应当采用双面扒钉钉牢。

(3) 木屋架（或梁）与墙体顶部、檩条与墙顶及屋架（或梁）与檩条之间等均应当有可靠连接。如图 6.6.1。

(4) 内隔墙墙顶与梁或屋架下弦应当每隔 1m 采用木夹板或铁件连接，参见图 6.6.2。

3. 木檩条与木屋架（梁）以及木檩条之间的连接要求

木檩条与木屋架（梁）的连接及木檩条之间的连接应当符合下列要求：

(1) 连接用的扒钉直径，当 6～7 度时宜采用 $\phi 8$，在 8 度时宜采用 $\phi 10$。

(2) 搁置在梁、屋架上弦上的檩条宜采用搭接，搭接长度不应当小于梁或屋架上弦的宽度（直径），檩条与梁、屋架上弦以及檩条与檩条之间应当采用扒钉或 8 号铅丝连接。

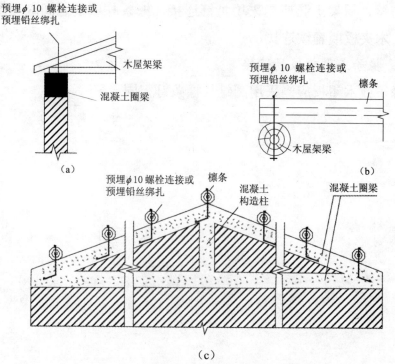

图 6.6.1 屋架梁檩条节点连接详图（单位: mm）

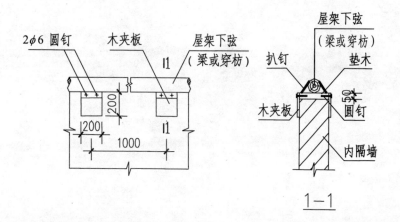

图 6.6.2 内隔墙墙顶与屋架下弦的连接（单位: mm）

(3) 当檩条在梁、屋架上对接时，应当采用燕尾榫对接方式，且檩条与梁、屋架上弦应当采用扒钉连接，檩条与檩条之间应当采用扒钉、木夹板或扁铁连接。

4. 椽子或木望板的连接

椽子或木望板应当采用圆钉与檩条钉牢固。

第七章 框架结构房屋抗震施工

钢筋混凝土框架结构房屋是指由钢筋混凝土板、梁、柱等构件所组成的房屋，简称框架结构房屋，如图 7.0.1 所示。

图 7.0.1 框架结构的组成

框架结构房屋具有建筑平面布置灵活，可任意分割房间，容易满足使用要求的优点。但钢筋混凝土结构房屋的不足之处是自重大，施工复杂，造价高。相对于其他结构形式，框架结构房屋的整体性好，抗震性能优良。因此，近年来框架结构房屋在民居建筑中的应用越来越广泛。

在抗震设防烈度为 9 度和 9 度以上地区，推荐建设全现浇框架结构房屋。

本章主要针对民居建筑中三层及三层以下的全现浇钢筋混凝土框架结构房屋的抗震措施和施工要求进行介绍，框架结构房屋应按照现行《混凝土结构设计规范》和《建筑抗震设计规范》的相应要求进行计算、设计和施工。钢筋混凝土楼盖的抗震措施详见第四章。

在村镇民居沿街建筑中，常采用底层框架上层砖房的结构形式，由上下两种不同材料组成的这种复合结构，其抗震性能不好，事实证明，在历次地震震害中，这种结构的震害都比较重。对于2～3层的民居建筑，较之框架结构，底框砖房的经济性也不明显，故不推荐采用底层框架上层砖房的结构形式。

第一节　震害现象及成因

相对其他材料建造的房屋而言，钢筋混凝土结构房屋具有较好的抗震性能，但如果设计不合理，施工质量不良，钢筋混凝土结构房屋也会产生严重的震害。建筑结构震害的严重程度主要取决于地震特性和结构自身特征两个因素，本节主要针对结构自身特征进行震害原因分析。

一、结构布置不合理产生的震害

（一）平面布置不合理

如果建筑物平面布置不规则、质量和刚度分布不均匀、不对称而造成刚度中心和质量中心有较大的不重合，易使结构在地震时产生过大的扭转反应而严重破坏。例如，四川省都江堰市中医院住院部为七层框架结构，大楼的平面为 L 形，2008 年 5 月 12 日汶川地震时，大楼产生了强烈的扭转反应，一侧完全倒塌，如图 7.1.1 所示。

（二）竖向不规则产生的震害

结构沿竖向布置的刚度有局部削弱或过大突变时，地震时变化处会产生应力集中，导致严重震害，图 7.1.2 为在阪神地震时由应力集中而产生的震害。1995 年日本阪神地震和 1999 年中国台湾集集地震中，均有大量"鸡腿式"建筑物底层柱发生剪切破坏或脆性压弯破坏，导致上部结构倒塌。汶川地震中，此类房屋普遍震害严重。

图 7.1.1　L 形平面建筑一侧完全倒塌

图 7.1.2　竖向刚度突变引起的破坏

（三）防震缝处碰撞

防震缝两侧的结构单元各自的振动特性不同，地震时会发生不同形式的振动，如果防震缝宽度不够，其两侧的结构单元就会发生碰撞而产生震害。如图 7.1.3 所示。

图 7.1.3　防震缝处的碰撞破坏

二、框架结构的震害

历次地震震害调查表明：框架结构的震害多发生于柱端和节点，梁端震害相对较小。

（一）框架柱

1. 柱端弯剪破坏

柱端产生水平裂缝、斜裂缝或交叉裂缝，震害严重者发生断裂、错位、混凝土崩落、钢筋压屈等现象。图 7.1.4 所示的是汶川地震中绵阳市财政局大楼出屋面水箱间柱脚的破坏情况，图 7.1.5 是某柱头的破坏情况。

2. 柱身剪切破坏

柱身多出现交叉斜裂缝或 S 形裂缝，箍筋屈服崩断，严重时在柱身处发生剪切断裂破坏。

图 7.1.4　柱下端弯剪破坏

图 7.1.5　柱上端弯剪破坏

3. 角柱弯剪破坏

角柱由于受到纵横双向弯矩作用以及扭转效应的影响，使得角柱所受剪力最大，但其约束又较弱，往往震害重于内柱，如图 7.1.6 所示。

图 7.1.6　角柱弯剪破坏

4. 短柱的震害

一般将高宽比小于 4 的柱称为短柱，在框架结构中往往是由于房屋错层或设置半高填充墙形成短柱。短柱的线刚度较大，能吸收较大的地震剪力，往往发生剪切破坏，形成交叉斜裂缝乃至脆断。图 7.1.7 所示为某房屋因半高填充墙形成短柱的地震破坏情况，图 7.1.8 所示为某错层房屋形成短柱的剪切破坏情况。

图 7.1.7　填充墙形成短柱的剪切破坏

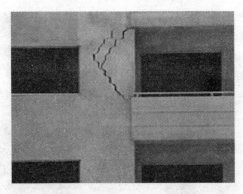

图 7.1.8　错层形成短柱的剪切破坏

（二）框架梁

相对于柱而言，梁的震害相对较轻，震害形态基本表现为梁端的竖向弯曲裂缝或剪切斜裂缝。

（三）梁、柱节点

节点是连接框架梁和框架柱的关键部位，地震中节点核芯区常产生对角方向的斜裂缝或交叉斜裂缝（图 7.1.9），严重时混凝土剪碎剥落，柱纵筋压屈外鼓，显示出节点区箍筋很少或无箍筋。梁柱节点破坏主要是由于受剪承载能力不足或施工质量较差所致，节点核芯区箍筋配置量不足是主要原因。图 7.1.10 是汶川地震中绵阳市财政局大楼出屋面水箱间角柱节点破坏情况，显示节点核芯区无箍筋。

三、填充墙的震害

框架填充墙的震害形态表现为：发生墙面斜裂缝，并沿柱周边开裂，在端墙、窗间墙或门洞口的边角部位产生斜裂缝或交叉裂缝，震害更为严重。墙面高大、开窗面积较大或圆弧墙较易倒塌。填充墙破坏的主要原因是：墙体抗拉、抗剪能力低，变形能力小，墙体与框架缺乏有效的拉结，如图 7.1.11、7.1.12 所示。

图 7.1.9　某框架梁柱节点剪切破坏

图 7.1.10　梁柱节点无箍筋剪切破坏

图 7.1.11　框架填充墙剪切破坏

图 7.1.12　框架填充墙外闪

四、楼梯的震害

楼梯的震害是汶川地震中发现的一个新问题。在水平地震力的往复作用下，楼梯板承受拉压作用，震害轻微者，楼梯板出现一二条水平裂缝（图 7.1.13），平台梁板出现剪切裂缝；震害严重者，楼梯板受力筋压屈或个别断裂，平台梁板混凝土崩落、钢筋外露（图 7.1.14）；个别震害严重者，楼梯板完全拉断塌落。

图 7.1.13　楼梯板破坏

图 7.1.14 楼梯梁板破坏

第二节 基本要求

框架结构房屋一般情况下用于民居建筑的多层房屋,层高不宜超过 4.0m。

一、一般规定

(1) 应满足建筑使用要求,便于施工。例如开间、进深、层高、层数、平面关系和建筑体形等要满足使用要求。

(2) 平面布置力求体形简单、均匀对称、规则整齐。尽量避免较大的凸出与凹进(超过房屋总宽度的 30%),不要设计成 L 形平面,避免偏心。

(3) 立面布置尽量沿竖向均匀,避免突然变化,并应尽可能降低建筑物的重心,以利结构的整体稳定性。

(4) 梁、柱中线尽量重合,偏心布置时偏心距不宜大于柱宽的 1/4。

(5) 柱网布置应纵横对齐、双向贯通,尽量避免布置单跨框架。

(6) 优先采用横向框架承重方案、双向框架承重方案,避免采用纵向框架承重方案。

(7) 房屋平面形状复杂时，宜设防震缝划分为较规则、简单的结构单元。防震缝在基础顶面以上设置，高度在 15m 以下的房屋防震缝最小宽度为 70mm。

(8) 混凝土结构的使用环境类别共分为五级，具体见表 7.2.1。

(9) 为了保证钢筋与混凝土之间的有效黏结以及钢筋混凝土结构的耐久性，现浇框架结构板、梁、柱中纵向受力钢筋的混凝土保护层最小厚度见表 7.2.2。

表 7.2.1　混凝土结构的使用环境类别

环境类别		说明
一		工业与民用建筑室内正常环境
二	a	室内潮湿的环境、非严寒和寒冷地区露天环境、与无侵蚀性的水及土壤直接接触的环境
	b	寒冷和严寒地区的露天环境、与无侵蚀性的水及土壤直接接触的环境
三		使用除冰盐的环境、严寒及寒冷地区冬季的水位变动环境、滨海地区室外环境
四		海水环境
五		受人为和自然的化学侵蚀性物质影响的环境

表 7.2.2　纵向受力钢筋的混凝土保护层最小厚度

环境类别		板			梁			柱		
		≤C20	C25~C45	≥C50	≤C20	C25~C45	≥C50	≤C20	C25~C45	≥C50
一		20	15	15	30	25	25	30	30	30
二	a	—	20	20	—	30	30	—	30	30
	b	—	25	20	—	35	30	—	35	30
三		—	30	25	—	40	35	—	40	35

注：(1) 受力钢筋外边缘至混凝土表面的距离，除符合表中规定外，不应小于钢筋的公称直径。

(2) 板中分布钢筋的保护层厚度不应小于表中相应数值减 10mm，且不应小于 10mm；梁、柱中箍筋和构造钢筋的保护层厚度不应小于 15mm

(10) 框架结构的设计与施工应体现"强柱弱梁、强剪弱弯、强节点、强锚固"的延性抗震设计原则，有效提高结构的抗震性能。

二、抗震等级

民居按照《建筑结构可靠度设计统一标准》规定为丙类建筑。

钢筋混凝土房屋根据设防烈度、结构类型和房屋高度分为不同的抗震等级，从而采取不同的计算方法和抗震构造措施。对于三层及三层以下的框架结构，其抗震等级的划分见表 7.2.3。

表 7.2.3　三层及三层以下框架结构的抗震等级

设防烈度	6	7	8	9
抗震等级	四	三	二	一

注：建筑场地为 I 类时，除 6 度外可按表内降低一度所对应的抗震等级采取抗震构造措施

三、材料要求

(1) 框架结构构件的混凝土强度等级一般情况下不应低于 C20，一级框架的梁、柱、节点核芯区混凝土强度等级应大于等于 C30。

(2) 混凝土最大水灰比为 0.65，最大氯离子含量为 1.0%。

(3) 混凝土构件中的纵向钢筋宜选用符合抗震性能指标的 HRB400 级热轧钢筋，也可采用符合抗震性能指标的 HRB335 级热轧钢筋，箍筋宜选用符合抗震性能指标的 HRB335、HRB400 级热轧钢筋。

第三节　框架柱

框架柱在结构中主要承受混凝土梁、板传来的竖向荷载以及水平方向的风荷载、地震作用。在竖向荷载作用下，中柱可近似看作

轴心受压构件，边柱为偏心受压构件。

框架柱的抗震设计与施工应满足以下构造要求：

一、截面尺寸

框架柱的截面尺寸宜符合下列各项要求：

(1) 柱的截面宽度和高度均不宜小于 300mm；

(2) 圆柱截面直径不宜小于 350mm；

(3) 柱的截面高度与宽度比不宜大于 3；

(4) 剪跨比（柱的反弯点在层高范围内时，剪跨比为柱净高与两倍柱截面高度的比值）宜大于 2。

二、轴压比限值

轴压比指考虑荷载组合的柱压力设计值与其全截面面积和混凝土轴心抗压强度设计值乘积之比值；不进行地震作用计算的结构，取无地震作用组合的轴力设计值。

震害及理论分析表明，框架柱轴压比越大，结构抗震性能越差，震害就越严重。因此，框架柱的轴压比不宜超过表 7.3.1 的规定。

表 7.3.1　框架柱轴压比限值

抗震等级		
一	二	三
0.7	0.8	0.9

三、纵筋

（一）基本构造要求

(1) 柱中纵向受力钢筋宜采用双向对称配筋；

(2) 柱中纵向受力钢筋的直径不宜小于 12mm，圆柱中纵向钢筋宜沿周边均匀布置，根数不宜少于 8 根，且不应少于 6 根；

(3) 截面尺寸大于 400 mm 的柱，纵向钢筋的间距不应小于 50mm，且不宜大于 200 mm；

(4) 柱纵向钢筋的最小总配筋率（所有纵筋面积与柱横截面面积的比值）应按表 7.3.2 采用，同时每一侧配筋率（柱一侧纵筋面积与柱横截面面积的比值）不应小于 0.2%；

(5) 柱纵向钢筋的总配筋率不应大于 5%；

(6) 一级且剪跨比不大于 2 的柱，每侧纵向钢筋的配筋率不宜大于 1.2%；

(7) 边柱、角柱在地震作用下产生小偏心受拉时，柱内纵筋总截面面积应比计算值增加 25%。

表 7.3.2　柱截面纵向钢筋的最小总配筋率

类别	抗震等级			
	一	二	三	四
中柱和边柱	1.0	0.8	0.7	0.6
角柱	1.2	1.0	0.9	0.8

（二）锚固与连接

(1) 纵向钢筋连接可采用机械连接、绑扎搭接或焊接。一二级框架柱以及三级框架底层柱的纵筋宜采用机械连接接头或焊接，其他情况下可采用焊接接头或绑扎搭接。在同一截面内钢筋接头面积百分率不应大于 50%。

(2) 受力钢筋的连接接头宜设置在构件受力较小部位，绑扎接头宜避开柱端箍筋加密区范围。当接头位置无法避开梁端、柱端箍筋加密区时，宜采用机械连接接头。下柱纵筋应穿过楼层节点，在楼面与上柱纵筋连接，不应在中间各层节点中截断，连接接头一般距楼面不宜少于 500 mm。抗震柱的纵向钢筋连接构造见图 7.3.1。

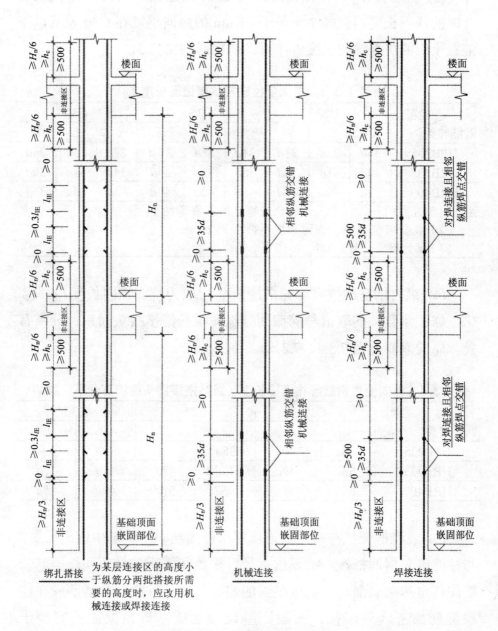

图 7.3.1 抗震柱纵向钢筋连接构造（单位：mm）

(3) 抗震设计时纵向钢筋的最小锚固长度 l_{aE} 应不小于非抗震设计时的锚固长度。直径小于等于 25mm 的纵向钢筋在 C30 及其以下混凝土中的抗震锚固长度 l_{aE} 的具体取值见表 7.3.3。

表 7.3.3　纵向受拉钢筋抗震锚固长度 l_{aE}

钢筋种类＼混凝土	C20			C25			C30		
	一、二	三	四	一、二	三	四	一、二	三	四
HPB235	$36d$	$33d$	$31d$	$31d$	$28d$	$27d$	$27d$	$25d$	$24d$
HRB335	$44d$	$41d$	$39d$	$38d$	$35d$	$34d$	$34d$	$31d$	$30d$
HRB400	$53d$	$49d$	$46d$	$46d$	$42d$	$40d$	$41d$	$37d$	$36d$

注：（1）表中的一、二、三、四代表框架的抗震等级；
　　（2）在任何情况下，锚固长度不得小于 250mm；
　　（3）d 为钢筋直径

(4) 纵向钢筋的抗震绑扎搭接长度 l_{lE} 取为抗震锚固长度 l_{aE} 的 ζ 倍，修正系数 ζ 的取值与同截面处纵向钢筋搭接接头面积百分率有关，l_{lE} 的取值见表 7.3.4、7.3.5。

表 7.3.4　纵向受拉钢筋绑扎搭接长度（纵筋搭接接头面积百分率≤25%）

钢筋种类＼混凝土	C20		C25		C30	
	一、二	三	一、二	三	一、二	三
HPB235	$44d$	$40d$	$38d$	$34d$	$33d$	$30d$
HRB335	$53d$	$49d$	$46d$	$42d$	$41d$	$37d$
HRB400	$64d$	$59d$	$56d$	$51d$	$49d$	$45d$

(5) 现浇框架柱与基础的连接应保证固结。由基础中留出插筋，与柱的纵向钢筋搭接。插筋的直径、根数和间距与柱相同；插筋一般均伸至基础底部，且应有足够的锚固长度；柱纵筋与插筋应在柱根箍筋加密区外连接，一般距基础顶面或基础系梁面不宜少于 500mm；

表 7.3.5 纵向受拉钢筋绑扎搭接长度（纵筋搭接接头面积百分率 50%）

混凝土 钢筋种类	C20		C25		C30	
	一、二	三	一、二	三	一、二	三
HPB235	51d	46d	44d	39d	38d	35d
HRB335	62d	58d	53d	49d	48d	44d
HRB400	74d	69d	65d	59d	58d	52d

注：d 为钢筋直径

(6) 抗震边柱与角柱柱顶纵向钢筋连接分为两种类型，分别如图 7.3.2、7.3.3 所示，施工时根据设计者指定的类型选用。当未指定类型时，施工人员可根据具体情况自主选用。

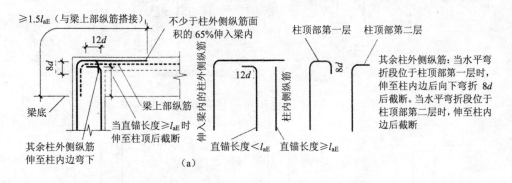

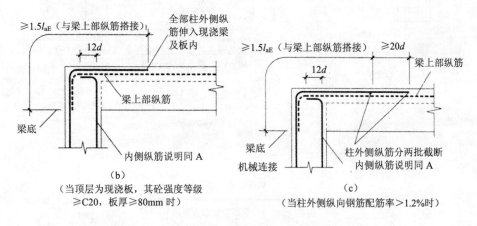

图 7.3.2 抗震边柱和角柱柱顶纵向钢筋构造

(7) 中柱柱头纵向钢筋无论是否弯折均须伸至柱顶, 中柱柱顶纵向钢筋构造如图 7.3.4 所示。

(8) 柱纵向钢筋的弯折要求如图 7.3.5 所示。

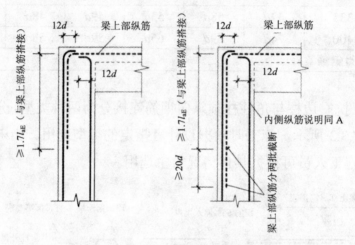

（当梁上部纵向钢筋配筋率＞1.2%时）

图 7.3.3　抗震边柱和角柱柱顶纵向钢筋构造

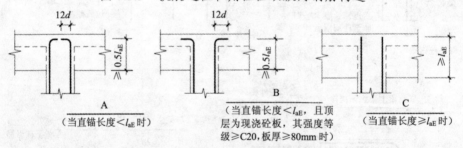

A
（当直锚长度＜l_{aE}时）

B
（当直锚长度＜l_{aE}, 且顶层为现浇砼板, 其强度等级≥C20, 板厚≥80mm 时）

C
（当直锚长度≥l_{aE}时）

图 7.3.4　中柱柱顶纵向钢筋构造

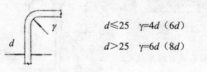

$d≤25$　$γ=4d（6d）$

$d＞25$　$γ=6d（8d）$

纵向钢筋弯折要求

（括号内为顶层边节点要求）

图 7.3.5　纵向钢筋弯折要求

四、箍筋

（一）基本构造要求

(1) 箍筋应为封闭式，其末端应做成 135°弯钩且弯钩末端平直段长度不应小于 10 倍的箍筋直径，且不应小于 75mm。

(2) 箍筋直径不应小于 $d/4$，且不应小于 6mm（d 为纵向钢筋的最大直径）。

(3) 箍筋间距不应大于 400mm 及柱截面短边尺寸，且不应大于 15d（d 为纵向钢筋的最小直径）。

(4) 框架柱常用箍筋形式有普通箍、复合箍，如图 7.3.6 所示。复合箍中最常用的是井字形复合箍，其复合方式见图 7.3.7，图中的数字为箍筋的肢数。

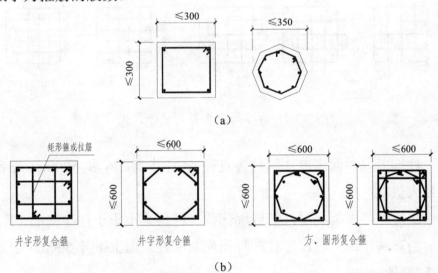

图 7.3.6　常用箍筋形式（单位：mm）

（a）普通箍；（b）复合箍

（二）加密要求

(1) 柱的箍筋加密范围（图 7.3.8），应按下列规定采用：

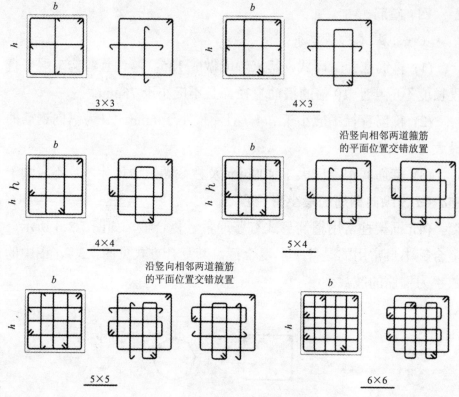

图 7.3.7 井字形复合箍的复合方式

柱端：取截面高度（圆柱为直径）、柱净高 1/6 和 500mm 三者的最大值。

底层柱：框架底层柱的嵌固部位（柱根）不小于柱净高的 1/3。

当有刚性地面时，除柱端外尚应取刚性地面上下各 500mm，如图 7.3.9 所示。

剪跨比不大于 2 的柱和因设置填充墙等形成的柱净高与柱截面高度之比不大于 4 的柱，取全高。

一级及二级框架的角柱，取全高。

为便于施工，柱箍筋加密区高度可查表 7.3.6 确定。

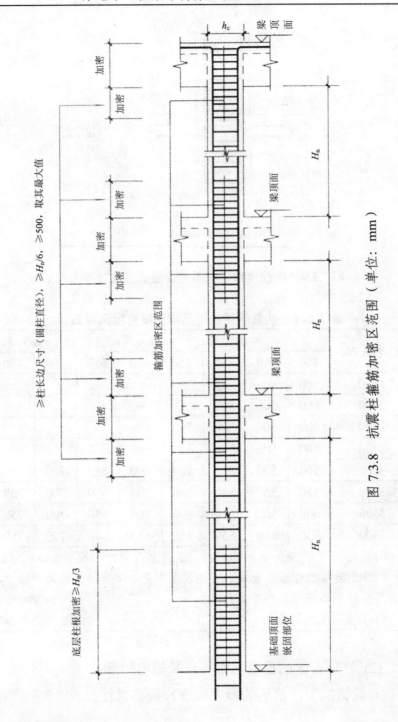

图 7.3.8 抗震柱箍筋加密区范围（单位：mm）

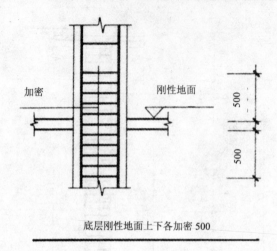

底层刚性地面上下各加密 500

图 7.3.9　刚性地面处柱箍筋加密区范围（单位：mm）

表 7.3.6　抗震框架柱箍筋加密区高度选用表（mm）

柱净高 H_n	柱截面长边尺寸 h_c 或圆柱直径 D（mm）								
	400	450	500	550	600	650	700	750	800
1800	500	–	–	–	–	–	–	–	–
2100	500	500	500	–	–	–	–	–	–
2400	500	500	500	550	–	–	–	–	–
2700	500	500	500	550	600	650	–	–	–
3000	500	500	500	550	600	650	700	–	–
3300	550	550	550	550	650	650	700	750	800
3600	600	600	600	600	600	650	700	750	800
3900	650	650	650	650	650	650	700	750	800

注：（1）表中"–"表示此时为短柱，其箍筋应沿柱全高加密。

（2）底层柱的柱根系指地下室的顶面或无地下室情况的基础顶面，其加密区长度应取不小于底层柱净高的 1/3。

（3）当有刚性地面时，应在其上、下各 500mm 的高度范围内加密箍筋

(2) 柱加密区的箍筋间距和直径规定如下：

一般情况下，箍筋的最大间距和最小直径按表 7.3.7 采用。

表 7.3.7　柱端箍筋加密区箍筋的最大间距和最小直径（mm）

抗震等级	箍筋最大间距（采用较小值）	箍筋最小直径
一	6d，100	10
二	8d，100	8
三	8d，150（柱根 100）	8
四	8d，150（柱根 100）	6（柱根 8）

(3) 柱箍筋加密区箍筋肢距，一级不宜大于 200mm；二三级不宜大于 250 mm 和 20 倍箍筋直径的较大值，四级不宜大于 300 mm。至少每隔一根纵向钢筋宜在两个方向有箍筋或拉筋约束，采用拉筋复合箍时，拉筋宜紧靠纵向钢筋并钩住箍筋。

(4) 柱箍筋加密区的最小体积配筋率：一级不应小于 0.8%，二级不应小于 0.6%，三四级不应小于 0.4%。计算复合箍筋的体积配筋率时，应扣除重叠部分的箍筋体积。

(5) 柱箍筋非加密区的体积配箍率不宜小于加密区 50%，对于箍筋间距，一二级不应大于 10 倍的纵向钢筋直径，三四级不应大于 15 倍的纵向钢筋直径。

(6) 柱箍筋和拉筋弯钩的构造见图 7.3.10。

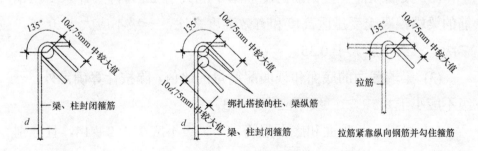

图 7.3.10　框架柱、梁箍筋和拉筋弯钩构造

第四节　框架梁

框架梁在结构中主要承受板面传来的竖向荷载，连接框架柱形成整体结构承受水平荷载。框架梁为受弯构件，主要承受弯矩、剪力的作用，应在框架梁中配置纵向钢筋和横向箍筋分别承受弯矩和剪力。

框架梁的抗震设计与施工应满足以下构造要求。

一、截面尺寸

(1) 梁截面高度常取为梁跨度的 1/10 左右，宽度常取其高度的 1/3～1/2。

(2) 截面宽度不宜小于 200 mm。

(3) 截面高宽比不宜大于 4。

(4) 为避免发生剪切破坏，梁净跨与截面高度之比不宜小于 4。

二、纵向钢筋

(1) 框架梁中纵向受力钢筋的直径不应小于 10mm。梁上部纵向受力钢筋水平方向的净间距不应小于 30mm 和 $1.5d$，梁下部纵向受力钢筋之间的净间距不应小于 25mm 和 d。

(2) 梁端纵向受拉钢筋的配筋率不应大于 2.5%，且计入受压钢筋的梁端混凝土受压区高度和有效高度之比，一级不应大于 0.25，二级、三级不应大于 0.35。

(3) 梁端截面的底面和顶面配筋量的比值，除按计算确定外，一级不应小于 0.5，二三级不应小于 0.3。

(4) 沿梁全长顶面和底面配筋，一二级不应少于 $2\phi14$，且分别不应少于梁两端顶面和底面纵向受力钢筋中较大截面面积的 1/4，三四级不应少于 $2\phi12$。

(5) 一二级框架梁内贯通中柱的每根纵向钢筋直径，对于矩形截面柱，不宜大于柱在该方向截面尺寸的 1/20；对于圆形截面柱，不宜大于纵向钢筋所在位置柱截面弦长的 1/20。

(6) 楼层框架梁纵向钢筋的连接与锚固构造如图 7.4.1、7.4.2 所示，纵筋在端支座直锚构造见图 7.4.3；屋面框架梁纵向钢筋的锚固构造如图 7.4.4（与图 7.3.2 配合使用）、7.4.5（与图 7.3.3 配合使用）所示。

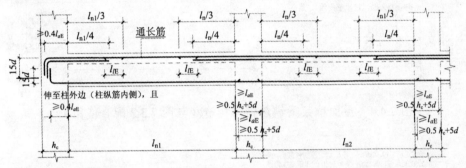

图 7.4.1　一二级楼层框架梁纵筋锚固构造

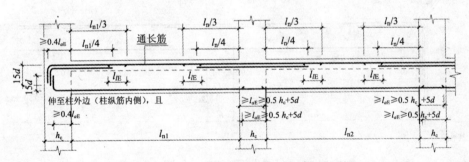

图 7.4.2　三四级楼层框架梁纵筋锚固构造

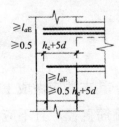

图 7.4.3　纵筋在端支座的直锚构造

(7) 当梁上部既有通长筋又有架立筋时，其中架立筋的搭接长度为 150mm。

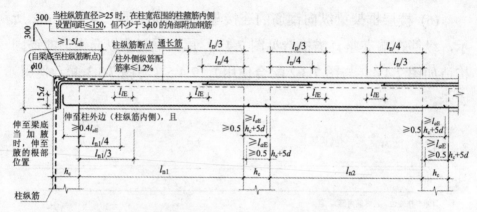

图 7.4.4　屋面框架梁纵筋锚固构造（与图 7.3.2 配合使用）

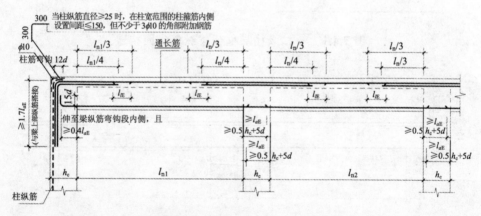

图 7.4.5　屋面框架梁纵筋锚固构造（与图 7.3.3 配合使用）

三、箍筋

（一）基本构造要求

(1) 箍筋应为封闭式，其末端应做成 135° 弯钩且弯钩末端平直段长度不应小于 10 倍的箍筋直径，且不应小于 75mm。

(2) 当截面高度大于 300mm 时，应沿梁全长设置箍筋；当截面高度小于 150mm 时，可不设箍筋。

(3) 常用箍筋间距不应小于 70mm，不应大于 400mm 及 15d（d 为纵向受压钢筋的最小直径）。

(4) 常用箍筋直径为 6、8、10mm。

（二）梁端加密构造要求

(1) 梁端箍筋加密区长度、箍筋最大间距和箍筋最小直径，应按表 7.4.1 的规定取用，具体如图 7.4.6、7.4.7 所示；当梁端纵向受拉钢筋配筋率大于 2% 时，表中箍筋最小直径增大 2mm。

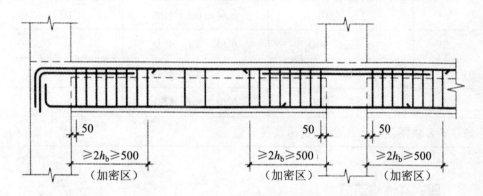

图 7.4.6 一级框架梁箍筋加密区范围（单位：mm）

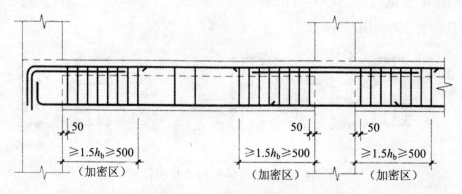

图 7.4.7 二至四级框架梁箍筋加密区范围（单位：mm）

(2) 梁端加密区箍筋肢距,一级不宜大于 200mm 和 20 倍箍筋直径的较大值,二三级不宜大于 250 mm 和 20 倍箍筋直径的较大值,四级不宜大于 300mm。

(3) 第一个箍筋应设置在距构件节点边缘不大于 50mm 处,非加密区的箍筋最大间距不宜大于加密区的箍筋最大间距两倍。

表 7.4.1　梁端箍筋加密区的构造要求（mm）

抗震等级	箍筋加密区长度 （采用较大者）	箍筋最大间距 （采用最小者）	箍筋最小直径
一	$2h_b$, 500	$h_b/4$, $6d$, 100	10
二	$1.5h_b$, 500	$h_b/4$, $8d$, 100	8
三	$1.5h_b$, 500	$h_b/4$, $8d$, 150	8
四	$1.5h_b$, 500	$h_b/4$, $8d$, 150	6

注: d 为纵筋直径; h_b 为梁截面高度

四、其他构造筋

(1) 当梁的腹板高度大于等于 450mm 时,在梁的两个侧面应沿高度配置纵向构造钢筋（俗称腰筋,如图 7.4.8 所示）,其间距应小于等于 200mm。

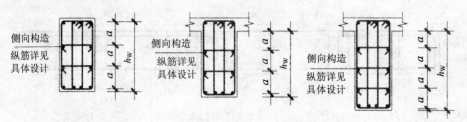

图 7.4.8　梁侧面纵向构造筋和拉筋

(2) 梁两侧对应的纵向构造钢筋之间须设拉筋（如图 7.4.8 所示），当梁宽小于等于 350mm 时，拉筋直径为 6mm；当梁宽大于 350mm 时，拉筋直径为 8mm。拉筋间距为非加密区箍筋间距的两倍。当设有多排拉筋时，上、下两排拉筋竖向错开设置。

(3) 主、次梁相交处，为了承受次梁传来的集中荷载在主梁上引起的较大局部剪应力，应设置附加横向筋，可以为箍筋或吊筋，也可以两者同时采用，用量根据计算及设计而定，具体施工构造见图 7.4.9。

(4) 各类梁的悬挑端纵向钢筋构造要求见图 7.4.10，纯悬挑梁的配筋构造见图 7.4.11。

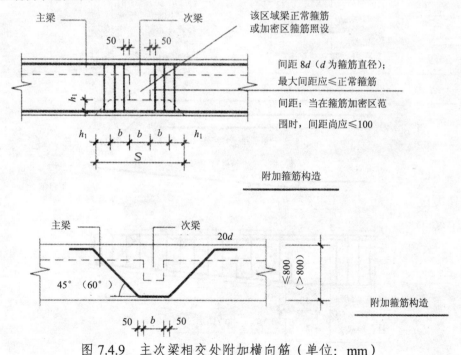

图 7.4.9 主次梁相交处附加横向筋（单位：mm）

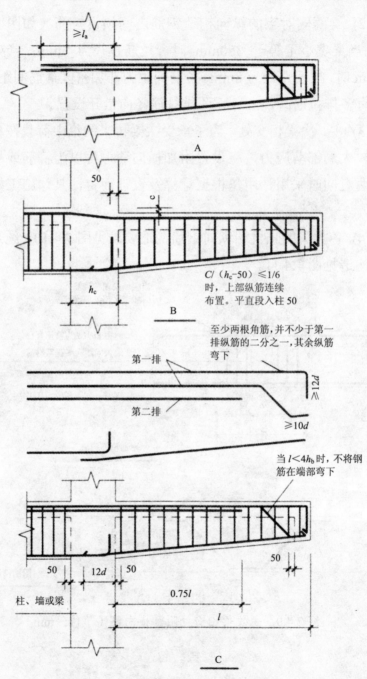

图 7.4.10　各类梁的悬挑端配筋构造（单位：mm）

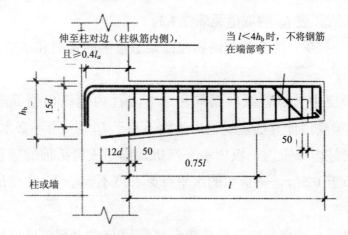

图 7.4.11 纯悬挑梁配筋构造（单位: mm）

第五节 梁柱节点

框架梁柱节点主要承受柱传来的轴向力、弯矩、剪力和梁传来的弯矩、剪力，节点的破坏形式多为剪切破坏。节点的承载能力和延性对框架结构整体的抗震性能起着非常关键的作用。

梁柱纵筋均应贯通节点核芯区域，应在节点核芯区配置水平箍筋抵抗节点剪力。

梁柱节点的抗震设计与施工应满足以下构造要求。

一、节点核芯区箍筋要求

框架节点核芯区箍筋的最大间距和最小直径宜按柱箍筋加密区的要求采用。

二、梁、柱纵筋在节点区的锚固

(1) 纵筋的锚固方式一般有两种：直线锚固和弯折锚固。

(2) 梁纵筋在中节点常用直线锚固，在边节点采用弯折锚固。无论是哪一种锚固方式，都必须满足锚固长度的要求。纵向受拉钢筋

的抗震锚固长度 l_{aE} 的取值见表 7.3.3。

(3) 框架梁、柱的纵向钢筋在框架节点区的锚固和搭接，应符合下列要求：

①顶层中节点柱纵向钢筋和边节点柱内侧纵向钢筋应伸至柱顶，当从梁底边计算的直线锚固长度不小于 l_{aE} 时，可不必水平弯折，否则应向柱内或梁内、板内水平弯折，锚固段弯折前的竖直投影长度不应小于 $0.5l_{aE}$，弯折后的水平投影长度不宜小于 12 倍的柱纵向钢筋直径；

②顶层端节点处，柱外侧纵向钢筋可与梁上部纵向钢筋搭接，搭接长度不应小于 $1.5l_{aE}$，且伸入梁内的柱外侧纵向钢筋截面面积不宜小于柱外侧全部纵向钢筋截面面积的 65%，在梁宽范围以外的柱外侧纵向钢筋可伸入现浇板内，其伸入长度与伸入梁内的相同，当柱外侧纵向钢筋的配筋率大于 1.2% 时，伸入梁内的柱纵向钢筋宜分两批截断，其截断点之间的距离不宜小于 20 倍的柱纵向钢筋直径；

③梁上部纵向钢筋伸入端节点的锚固长度，直线锚固时不应小于 l_{aE}，且伸过柱中心线的长度不应小于 5 倍的梁纵向钢筋直径；当柱截面尺寸不足时，梁上部纵向钢筋应伸至节点对边并向下弯折，锚固段弯折前的水平投影长度不应小于 $0.4\,l_{aE}$，弯折后的竖直投影长度应取 15 倍的梁纵向钢筋直径；

④梁下部纵向钢筋的锚固与梁上部纵向钢筋相同，但采用 90° 弯折方式锚固时，竖直段应向上弯入节点内。

第六节　填充墙

钢筋混凝土框架结构中的填充墙，主要起着维护和隔热保温的作用，多采用块材砌筑而成。砌体填充墙的存在对框架结构自振周期有着显著的影响，从而影响结构所受地震作用的大小。因此，应充分重视填充墙的布置及其与主体结构构件的连接方式。

(1) 填充墙应选用轻质材料。

(2) 砌体填充墙宜与柱脱开或采用柔性连接，并应符合下列要求：

①填充墙在平面和竖向的布置，宜均匀对称，避免形成薄弱层或短柱；

②当考虑填充墙的抗侧作用时，墙厚度不小于240mm，砂浆强度等级不低于 M5，且宜采用先砌墙后浇框架的施工方法。不考虑墙的抗侧作用时，墙宜与框架柱柔性连接，但顶部应与框架梁底紧密结合；

③填充墙应沿框架柱全高每隔 500mm 设 $2\phi6$ 拉筋，拉筋伸入墙内长度，一级、二级沿墙全长设置，三级、四级不小于墙长的 1/5，且不小于 700mm，8、9 度时宜沿墙全长贯通，如图 7.7.1 所示；

④当墙长大于 5m 时，墙顶与梁宜有拉结措施，如图 7.7.2 所示，墙长超过层高两倍时，宜设置钢筋混凝土构造柱，墙高超过 4m 时，宜在墙体半高处宜设置与柱连接且沿墙全长贯通的钢筋混凝土水平系梁，如图 7.7.3 所示。

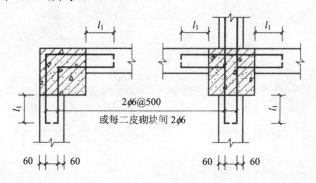

图 7.7.1　填充墙与柱的拉结（单位：mm）

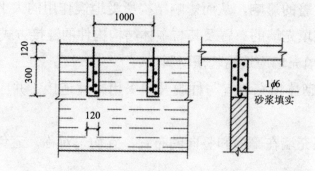

图 7.7.2　砌体填充墙顶部拉结（单位：mm）

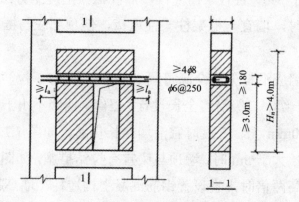

图 7.7.3　砌体填充墙中部设拉梁（单位：mm）

附录一

房屋各部位示意图

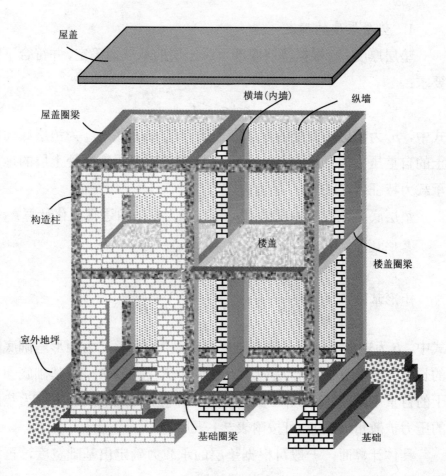

附录二

换填垫层法厚度和宽度的确定

1. 垫层厚度的确定

垫层厚度 z 应根据垫层底部下卧土层的承载力确定，并符合下式要求：

$$p_z + p_{cz} \leqslant f_{az}$$

式中，p_z 为垫层底面处的附加应力设计值（kPa）；p_{cz} 为垫层底面处土的自重压力值（kPa）；f_{az} 为经深度修正后垫层底面处土层的地基承载力特征值（kPa）。

垫层底面处的附加压力值 p_z 可按压力扩散角进行简化计算：

条形基础：$p_z = \dfrac{b(p - p_c)}{b + 2z \cdot \tan\theta}$

矩形基础：$p_z = \dfrac{b \cdot l(p - p_c)}{(b + 2z \cdot \tan\theta)(l + 2z \cdot \tan\theta)}$

式中，b 为矩形基础或条形基础底面的宽度（m）；l 为矩形基础底面的长度（m）；p 为基础底面压力的设计值（kPa）；p_c 为基础底面处土的自重压力值（kPa）；z 为基础底面下垫层的厚度（m）；θ 为垫层的压力扩散角（°），可按附表 2.1 采用。

具体计算时，一般可根据垫层的承载力确定出基础宽度，再根据下卧土层的承载力确定出垫层的厚度。

附表 2.1 压力扩散角 θ (°)

换填材料 z/b	中砂、粗砂、砾砂、圆砾、 角砾卵石、碎石	黏性土和粉土 （8<I_p<14）	灰土
0.25	20	6	28
≥0.50	30	23	

注：当 z/b<0.25 时，除灰土仍取 θ=28° 外，其余材料均取 θ=0°；
当 0.25<z/b<0.25 时，θ 值可内插求得。

2. 垫层宽度的确定

垫层的底面宽度应以满足基础底面应力扩散和防止垫层向两侧挤出为原则进行设计，一般可按下式计算确定。

$$b' \geqslant b + 2 \cdot z\tan\theta$$

式中，b' 为垫层底面宽度（m）；θ 为垫层的压力扩散角（°），当 z/b<0.25 时，仍按 z/b=0.25 取值。

附录三

中国地震烈度表

中国地震烈度表（1999-04-26 发布，1999-11-01 实施）

烈度	在地面上人的感觉	房屋震害程度		其他震害现象	水平向地面运动	
		震害现象	平均震害指数		峰值加速度（m/s²）	峰值速度（m/s）
I	无感					
II	室内个别静止中人有感觉					
III	室内少数静止中人有感觉	门、窗轻微作响		悬挂物微动		
IV	室内多数人、室外少数人有感觉、少数人梦中惊醒	门、窗作响		悬挂物明显摆动，器皿作响		
V	室内普遍、室外多数人有感觉，多数人梦中惊醒	门窗、屋顶、屋架颤动作响，灰土掉落，抹灰出现微细烈缝，有檐瓦掉落，个别屋顶烟囱掉砖		不稳定器物摇动或翻倒	0.31（0.22～0.44）	0.03（0.02～0.04）
VI	多数人站立不稳，少数人惊逃户外	损坏：墙体出现裂缝，檐瓦掉落，少数屋顶烟囱裂缝、掉落	0～0.1	河岸和松软土出现裂缝，饱和砂层出现喷砂冒水；有的独立砖烟囱轻度裂缝	0.63（0.45～0.89）	0.06（0.05～0.09）
VII	大多数人惊逃户外，骑自行车的人有感觉，行驶中的汽车驾乘人员有感觉	轻度破坏：局部破坏，开裂，小修或不需要修理可继续使用	0.11～0.30	河岸出现塌方；饱和砂层常见喷砂冒水，松软土地上地裂缝较多；大多数独立砖烟囱中等破坏	1.25（0.90～1.77）	0.13（0.10～0.18）

续表

烈度	在地面上人的感觉	房屋震害程度		其他震害现象	水平向地面运动	
		震害现象	平均震害指数		峰值加速度（m/s²）	峰值速度（m/s）
Ⅷ	多数人摇晃颠簸，行走困难	中等破坏：结构破坏，需要修复才能使用	0.31～0.50	干硬土上亦出现裂缝；大多数独立砖烟囱严重破坏；树稍折断；房屋破坏导致人畜伤亡	2.50（1.78～3.53）	0.25（0.19～0.35）
Ⅸ	行动的人摔倒	严重破坏：结构严重破坏，局部倒塌，修复困难	0.51～0.70	干硬土上出现许多地方有裂缝；基岩可能出现裂缝、错动；滑坡塌方常见；独立砖烟囱许多倒塌	5.00（3.54～7.07）	0.50（0.36～0.71）
Ⅹ	骑自行车的人会摔倒，处不稳状态的人会摔离原地，有抛起感	大多数倒塌	0.71～0.90	山崩和地震数裂出现；基岩上拱桥破坏；大多数独立砖烟囱从根部破坏或倒毁	10.00（7.08～14.14）	1.00（0.72～1.14）
Ⅺ		普遍倒塌	0.91～1.00	地震断裂延续很长；大量山崩滑坡		
Ⅻ				地面剧烈变化，山河改观		

注：表中的数量词："个别"为10%以下；"少数"为10%～50%；"多数"为50%～70%；"大多数"为70%～90%；"普遍"为90%以上